KB057162

학원 대신 시애틀,

과외 대신 프라하

사교육비 모아 떠난
10년간의 가족 여행기

학원 대신 시애틀, 과외 대신 프라하

이지영 지음

프롤로그

사교육비로 떠난 여행

어릴 때도 시골 외갓집에 간 것 말고는 가족 여행을 갔던 기억이 없다. 멀미가 심한 탓에 학창 시절 수학여행은 괴로움이었고, 신혼여행도 제주도 3박 4일이 전부였다. 그런 내가 해외여행 에세이를 내다니, 도대체 무슨 일이 있었던 걸까?

나는 새로운 장소가 두렵고 낯선 도전이 겁이 나 늘 보던 사람과 늘 있던 장소에서 늘 하던 일을 하며 하루를 보내던 사람이었다. 한마디로 좁은 관계, 반복된 일상에서 안전함을 느끼는 우물 안 개구리였다. 여행은 명품 가방만큼이나 내 관심 밖의 카테고리에 속해 있었다. 경제적, 시간적 이유도 물론 있었을 것이다. 그럴 돈이 있다면 차라리, 그럴 시간이 있다면 차라리… '차라리'에 해당되는 것들이 나에게는 너무 많았다.

그랬던 나도 엄마가 되니 아이들을 위해서라도 밖으로 나가야겠다는 생각이 들었다. 고맙게도 주말마다 동네 산, 근처 공원, 미술관, 박물관 등으로 데리고 나가는 남편 덕분에 점차 일상에서 보지 못했던 자연이나 평소에 하지 않던 행동들의 재미를 알기 시작했고, 재충전되는 느낌을 받았다. 조금씩 일상을 벗어나는 시간이 즐거워졌다. 그러나 해외여행은 사정이 좀 달랐다. 갑자기 훅 떠날 수 있는 것도, 하루 만에 휙 돌아올 수 있는 것도 아니니까. 무엇인가는 포기해야 했고 선택에는 책임이 따랐다. 그러니 더욱 신중해질 수밖에 없었다.

우리가 포기한 한 가지는 장기 해외여행이었다. 남편의 휴가 일정에 맞춰야 했기 때문에 길어야 일주일을 넘기기 어려웠는데, 주변 사람들은 왕복 비행기 값이 아까우니 간 김에 이 도시, 저 도시 둘러보거나 한 달 살기처럼 충분히 즐기다 오는 게 좋지 않겠느냐고들 했다. 그러나 우리는 남편이, 아빠가 빠진 여행보다는 짧더라도 가족 모두가 나눌 수 있는 추억을 만드는 여행을 하고 싶었다.

첫 여행지였던 미국은 갑작스럽게 가게 되어 차를 바꾸려고 준비했던 비상금을 사용했지만 이후부터는 여행을 위한 적금을 들었다. 그래서 우리가 또 포기한 것은 두 아이의 영어, 수학 사교육비다. 오해가 생기면 안 되니 정확히 말해야겠다. 포기한 것은 영어, 수학이 아니라 영어, 수학 '사교육비'다. 처음에는 초등 저학년에만 가능하지 않을까 싶었는데 계속 이어질 수 있었던 것은 생각보다 오래 사교육을 받지 않았기 때문이다. 매일 영어 책, DVD를 보는 것보다 더 좋은 영어 교육은 없고, 날마다 꾸준히 문제를 푸는 것보다 더 좋은 수학 공부는 없다고 생각했다. 무엇이든 꾸준히만 한다면 사교육을 받는 것과 결과는 비슷할 거라는 확신이 있었다. 물론 그 꾸준함이 쉬운 건 아니다. 그래도 가족의 해외여행과 맞바꿀 수 있었으니 기꺼이 감수할 만한 것이 아니었을까.

한 번은 아이 친구 엄마가 "좋겠어요. 해외여행도 자주 다니고 너무 부러워요. 우린 돈이 없어서…"라고 말한 적이 있다. 초등학생 아이가 둘이었던 그 집은 한 달 사교육비가 200만 원이 훌쩍 넘는다고 했었는데, 아마 돈이 없다기보다는 그 돈을 사교육 대신 여행에 쓸 수 없었다는 것이 맞을 것이다.

가보지 않은 길에 대해서 감히 단정 지어 말하기는 어렵다. 여행을 가지 않고 학원을 보냈더라면 어땠을까? 어릴 때부터 사교육을 시키는 것이 우리가 함께한 여행의 모든 순간을 이길 정도로 강력한 것일까? 공부는 평생에 걸쳐 해야 하는 것이지 성적이 공부의 전부는 아니다. 우리는 선택의 갈림길 앞에서 충분히 신중하게 고민했고, 그 결정을 후회하지 않는다.

처음부터 출판을 목적으로 한 여행이 아니기 때문에 지금까지 쓴 세 권의 책과 마찬가지로 비루한 기억에 의지해야만 한다. 여행 에세이임에도 불구하고 아쉽게도 정확한 명칭이나 숫자, 풍경을 잘 그려낼 자신은 없다. 추천 경로와 여행 노하우보다는 그간의 여행에서 우리들이 보고 느낀 점, 성장하는 가족 이야기로 채워보려 한다.

책을 읽는 동안 독자들은 점점 나이 들어가는 엄마, 아빠와 쑥쑥 커가는 아이들을 만나게 될 것이다. 그리고 책을 덮을 때 즈음엔 가족 여행을 꿈꾸며 적금을 개설하고 있을지도 모르겠다. 우리 가족 역시 코로나19가 끝나 다시 자유로운 여행이 가능해지면 박차고 일어나 어디든 날아갈 것이다.

차례

초2, 7세 겨울방학

*

더운 겨울로의 태국

방콕, 파타야
6박 7일

초4, 초2 겨울방학

*

동서양이 공존하는 중국

상하이
4박 5일

초6, 초4 여름방학

*

자유와 낭만이 있는 프랑스

파리
6박 7일

중2, 초6 여름방학

*

어딜 봐도 아름다운 체코

프라하
5박 6일

고1, 중2 겨울방학

*

현란한 쇼핑의 도시 홍콩

홍콩
3박 4일

초1, 6세 겨울방학

✳

길고 강렬했던 미국

올림피아, 시애틀, 포틀랜드, 뉴욕

8주

엄마라서 가능했던

시애틀 터코마 국제공항까지 비행 시간만 장장 10시간이 넘었다. 짐 찾고, 입국 수속하고, 차 렌트하는데 2시간. 다시 숙소까지 1시간 반. 꼬박 하루가 걸려 겨우 숙소에 도착할 수 있었다. 기내식이 입에 맞지 않는다며 빵 한 쪽 겨우 먹은 큰아이와 요플레 몇 숟갈이 전부였던 작은아이. 둘 다 배고프고 피곤할 터였지만 등을 떠밀어 다시 차에 태웠다. 한겨울 미국 서북부는 오후 4시만 넘어가도 어둑어둑했기에 우리는 당장 필요한 음식과 생필품을 사기 위해 짐도 풀지 못한 채 다시 밖으로 나서

야만 했다. 한인 마트로 가서 쌀과 김치, 밑반찬, 밥솥 등을 사서 돌아오니 이미 칠흑같이 깜깜해져 있었다.

첫날부터 무리했던 탓인지 바로 다음 날 작은아이 몸이 펄펄 끓기 시작했다. 비상용으로 가져간 타이레놀도 크게 소용이 없었고 아이는 음식도 먹지 못한 채 끙끙 앓았다. 밤새 지켜봐도 열은 떨어지지 않았고 급기야 한쪽 볼이 퉁퉁 붓기 시작했다. 먹은 것도 없는데 족족 다 게워내는 아이를 보니 여기가 미국이 아니라 남극이어도 병원에 가야만 했다. 남편은 직장에서의 연수 첫날이어서 빠질 수가 없었고 어떻게든 내가 혼자 해결하겠노라 안심시켰다. 만약 아픈 게 나였다면 버텼을지 모르겠다. 아니, 버텼을 것이다. 그런데 아이가 아픈 것을 보니 버틸 수가 없었다.

여행자 보험을 가입한 곳에 전화를 했더니 보험사에서는 현지 사람과 이야기해 보라며 보험 혜택을 받으려면 의사진단서, 진단 코드와 진료 코드가 포함된 영수증, 약 처방전 복사본, 약값 영수증, 보험 청구서 등이 필요하다고 했다. 당장 병원에 가야 해 속이 타들어 가는데 보험금 청구 안내가 귀에 들어올 리 없었다. 급한 마음에 뉴욕에 사는 친구에게 전화를 했다. 친구는 예약 없이는 진료가 어려울 거라고 했고 숙소 직원도 같은 말을 했다. 예약을 해야 한다는 건 지금 당장 진료를 받을 수 없다는 뜻이었다.

그때 갑자기 한인 교회 주보가 눈에 들어왔다. 어차피 두 달만 있을 예정이라 교회에 갈 계획은 없었는데 왜 한인 마트에서 그걸 집어 들고 왔는지 모를 일이다. 거기에 적힌 연락처로 무작정 전화를 걸었다.

"Hello, 여보세요?"

푸근하고 따뜻한 중년 여성의 목소리가 들렸다. 자초지종을 설명하니 터코마에 있는 한인 병원에 가보라고 알려주었다. 그곳도 원래는 예약을 해야 하는 곳이지만 찾아가서 얘기하면 아마 봐줄 거라면서…. 살면서 100퍼센트의 진심을 꽉 담아서 감사 인사를 한 적이 몇 번이나 될까? 당시 나는 온 마음 가득 담아서 얼굴도 모르는 사람에게 진심으로 감사 인사를 했다.

'아, 이럴 줄 알았으면 나도 운전을 좀 해봤어야 했는데….'

미국에 도착한 후 남편만 줄곧 운전대를 잡았다. 렌터카 운전도 처음이었고, 하이브리드 차도 처음이었다. 킬로미터나 미터가 아닌 마일, 피트로 안내하는 내비게이션도 복병이었다. 그래도 가야만 했다. 나는 엄마니까.

후드득후드득 무심하게 빗방울을 내던지는 하늘을 노려보았다. 운전대를 잡은 어깨와 액셀러레이터를 밟고 있는 다리에 힘을 잔뜩 주고 백미러로는 축 늘어진 아이를 확인하면서 터코마 한인 타운으로 향했다. 한글 간판이 보이자 그제야 숨이 쉬어졌다.

간신히 도착한 의원의 독특했던 70년대 분위기가 어렴풋이 떠오른다. 수기로 작성하는 노란색 진료 파일은 그렇다 쳐도 어릴 때 정미소에서 쌀 포대 잴 때나 보았던 추 저울이라니. 아이를 한쪽에 올라서게 하고 추를 좌우로 조정하며 몸무게 재는 것을 보니 마치 타임머신을 타고 내가 아주 꼬마였던 때로 돌아간 듯했다.

의사는 감사하게도 우리 사정을 듣고 바로 진료를 봐주었고, 임파선염 진단과 함께 항생제를 처방해주었다. 그 잠깐의 진료비가 무려 70달러. 그 당시 환율로 따지면 대략 10만 원인 셈이다. 새삼 우리나라의 의료보험 제도에 감사한 생각이 들었다. 열 한 번 날 때마다 10만 원씩 내야 한다면 어떻게 아이를 키울지 상상만으로도 끔찍한 일이니까.

이젠 약국에 가야 할 차례였다. 의원과 가까운 서너 곳은 모두 한인 약국이었지만 그곳에서는 어린이 약은 취급하지 않는다며 다른 약국으로 가라고 했다. 어린이 약은 없다니? 영어도 아닌 우리말로 대화했으니 잘못 들었을 리 없는데 그곳의 시스템을 모르니 다른 약국을 찾아 헤맬 수밖에 없었다. 근처에서 미국 약국을 찾지 못한 우리는 다시 40분간 운전해서 올림피아의 약국으로 향해야 했다. 약국 하나 찾지 못해 아이를 그렇게 힘든 상태로 두다니 나 자신이 한심해 미칠 지경이었다.

"약 금방 나올 거야. 약 먹으면 괜찮아지니까 조금만 참자."

아이를 안고 달래며 기다렸다. 아이는 대답도 힘들어했다. 달리 조제할 필요도 없는 항생제 병 하나를 받는데 무려 40분이 걸렸다. 화가 났지만 어찌할 도리가 없었다. 약을 받자마자 그 자리에서 먹였고 잠시 후 아이는 드라마틱하게 열이 내리고 풍선처럼 부풀었던 볼도 가라앉기 시작했다. 이렇게 금방 해결될 수 있었던 것을 그렇게 긴 시간 고생했다니….

차에 깔린 아이를 구하기 위해 엄마가 차를 들어 올렸다거나 괴력으로 아이를 구출했다는 이야기를 들은 적이 있다. 그런 초능력까지는 아니더라도 나 역시 아이를 키우면서 엄마가 아니었다면 하지 않았을 행동을 수도 없이 하게 된다. 해야만 하는 일이 생기고, 내가 아니면 안 되는 일들이 벌어진다. 아이가 어느 정도 괜찮아지자 내 긴장도 풀렸다.

"내비게이션만 있으면 나는 우주에서도 운전하고 다닐 수 있어."

너스레를 떨었지만 실은 너무나 무섭고, 슬프고, 당황했었다. 다시는 떠올리고 싶지 않은 날이지만 아이가 있어서, 내가 엄마여서, 그렇게 나의 한계치를 또 한 번 넘어선 날이기도 했다.

이제는 필요없는 추억의 이름표

아이들과의 여행에서 가장 중요한 것은 무엇일까? 관광지를 가고, 멋진 풍경을 보고, 맛있는 것을 먹고, 기념사진을 찍고, 기념품을 사고…. 여러 가지가 있겠지만 우리 가족에게는 안전이 항상 최우선이었다. 기분 좋게 여행을 떠났다가 해외에서 큰일이 생겼다는 뉴스를 보면 내 일이 아닌데도 덜컥 겁이 났다. 여권과 지갑은 철저하게 크로스백에 넣어 앞으로 매고, 돈은 남편과 나누어 들고 다니는 등 매사에 조심했지만 무엇보다 우리 부부에게 절대로 일어나선 안 될 사고는 아이들을 잃어버리는 일이었다.

항상 아이들의 손을 잡고 다녔다. 차에서 잠든 아이도 깨워서 데리고 내렸고 단 10초도 혼자 두지 않았다. 물론 한국에서도 그랬지만 미국 땅에서는 더더욱 철저했다. 만약의 사태를 대비해서 도움을 요청하는 말을 영어로 연습도 시켰지만, 아이들이란 놀라고 무서우면 자기 이름도 까먹을 수 있는 존재. 그래서 이름표를 만들었다. 아이 이름, 호텔 주소와 전화번호, 엄마 아빠의 전화번호, 혹시 이 아이를 발견하면 꼭 연락을 달라는 문구를 영어로 적어 코팅을 하고 핀을 달았다. 미국에 있는 두 달 동안 외출할 때마다, 외투가 바뀔 때마다 이름표를 외투 안쪽에 달았다. 어디까지나 만약의 사태를 대비하기 위한 것이니 이름이 노출되지 않게 안쪽에 살짝.

"자, 따라 해. I'm Korean. Please call my mom(나는 한국인입니다. 엄마에게 전화해주세요)."

"I'm Korean. Please call my mom."

아이들은 장난처럼 웃으며 따라 했다.

"그렇게 말하고 이 이름표를 보여주면 돼. 엄마 같은 아줌마한테 부탁하는 게 제일 좋아."

별거 아닌데 이 작은 이름표가 은근히 든든했다. 누군가는 이 얘기를 듣고 어떻게 그런 기발한 생각을 했느냐며 웃었지만 얼마나 걱정이 되었으면 그랬을까. 해외여행은 난생처음이었고, 기간은 길었으며, 아이들은 어렸으니까. 내 손에 아이들 손이 없을 때는 두 눈이 항상 아이들에게 가 있었다. 여행의 목적은 다양한 경험과 즐거움인데 아이들이 없어진다면 아무런 의미도 없는 거니까.

아이들이 커갈수록 내 손도, 내 눈도 점차 자유로워진다. 공항 화장실에 혼자 다녀오도록 허락하는 순간이 생기고, 물을 사올 테니 호텔 방에서 꼼짝 말고 기다리라고 말하는 순간이 온다. 지금은 아이들 손을 잘 잡고 다니지도 않을뿐더러 (안전 때문이 아니라 애정 표현으로 잡고 다니긴 하지만) 잘 쫓아오고 있는지 뒤를 돌아보지도 않는다. 바다도, 산도 온전히 감상하고 음식도 음미하며 먹는 여유가 생겼다. 그리고 가끔씩은 위험한 순간에 아이들이 우리를 잡아당기는 등 아이들의 보호를 받을 때도 있다.

이제는 필요 없는 이름표. 때가 되면 배꼽이 떨어지는 것처럼 모든 것은 그 필요가 없어지는 때가 온다. 성장이라는 이름과 함께.

나한테 왜 그래?

나와 아이들만 햄버거 가게에 간 적이 있었다. 셋이서 햄버거 두 개면 충분하다고 생각해서 아이들을 테이블에 앉혀 놓고 계산대로 갔다. 직원이 무심한 듯 내려다봤다. (아, 물론 내 키가 심히 작으니 내려다본 것이겠지만.) 혹시나 제대로 전달이 안 될까 봐 나는 유치원 선생님처럼 손가락 두 개를 보여주며 "Cheese burger TWO!(치즈 버거 두 개 주세요!)"라고 말했고 직원은 여전히 무심하게 "Okay"라고 했다.

그런데 잠시 뒤 가서 보니 두 개가 아닌 세 개의 햄버거가 쟁반에 떡하니 올려져 있는 것이 아닌가. 나는 당황한 표정으로 직원을 쳐다보며 말했다.

"I said two….(두 개라고 했는데….)"

그리고 청년의 눈빛에서 '그래서 어쩔 건데?'를 읽을 수 있었다.

한국에서라면 여차저차 따져라도 볼 텐데 그의 눈빛을 보고 나는 전의를 상실했다. 다다다다 영어로 싸울 수 없다는 것을 그도, 나도 너무나 잘 알고 있다는 게 문제였다. 꾸역꾸역 먹어 보려 해도 햄버거는 도저히 넘겨지지가 않았다. 곱씹을수록 화가 나 결국 햄버거 하나는 고스란히 쓰레기통에 처박히고 말았다. 마치 햄버거가 그 직원의 경멸과 무시의 눈빛이라도 되는 것처럼.

또 한 번은 남편과 아이들을 차에 두고 혼자서 샌드위치를 사러 갔을 때의 일이다. 얼핏 간판에서 'sandwich'라는 단어를 보고 가볍게 문을 열고 들어갔다. 그때까지도 나는 서브웨이 샌드위치를 먹어본 적 없는 서울 촌년이어서 샌드위치라면 당연히 내가 알고 있는 세모 모양일 거라 생각했다.

주문 방법도 모르는데 영어로 하려니 식은땀이 났다. '포기하고 나갈까? 그럼 재네가 비웃겠지? 남편과 아이들은 또 뭘 사 먹이나? 여기 다른 식당이 어디 있는지도 모르는데…' 주저하다가 자존심을 확 내려놓고 직원과 눈을 맞추며 솔직하게 말했다. 주문하는 법을 모른다고. 좀 천천히 말해줄 수 있겠냐고. 직원은 고개를 까딱하더니 속사포로 다다다다 말하기 시작했다.

빵은 어떤 것으로 할 거냐, 이거 할래? 이것도 할래? 이것도? 하마터면 직원이 말하는 모든 재료와 소스를 다 넣을 뻔했다. 마음속으로 '아, 그냥 네 맘대로 하세요!' 하고 소리쳤다.

처음이니 천천히 설명해 달라는 나의 말을 그는 왜 무시했던 걸까? 알아들었으면서 왜 모른 척했을까? 어떤 이유로 내가 그런 대접을 받아야 하는 건지 알 수 없었다. 부족한 나의 영어 때문인지, 내가 동양인이기 때문인지, 작고 왜소하기 때문인지, 이유가 무엇이든 그건 내 탓이 아니라 그의 탓임은 분명하다.

차로 돌아와 남편과 아이들에게 샌드위치를 건네며 주문이 얼마나 힘들었는지, 직원이 얼마나 불친절했는지 투덜대며 말했다. 더불어 우리는 한국에 온 외국인들에게 천천히 말하고 친절하게 대해주자는 말을 덧붙이는 것도 잊지 않았다.

나는 아직도 그 브랜드의 샌드위치를 먹지 않는다. 생각해 보면 좋아하는 것으로만 쏙쏙 골라 맞춘 것이니 상당히 매력적인 음식인데 말이다. 주문하면서 불쾌했던 기억이 떠오를까 봐 그런 것도 있지만 그보다 나는 간단한 주문이 좋다. 나는 여전히 '빨리빨리'와 '제일 많이 팔리는'이 가장 편한 단순한 사람이다.

미국 땅에서 외친 얼음땡

현지인의 집에 초대를 받았다. 담은 나무로 둘러싸이고 철문이 달린, 영화에나 나올 법한 집이었다. 아이들의 손을 잡고 비밀의 숲 같은 대문을 지나 현관 입구까지 한참을 더 들어갔다. 커다란 정원의 푸른 잔디, 거실에서 보이는 하얀 국회의사당 건물, 저 멀리로는 눈 덮인 레이니어산Rainier Mt.까지…. 이런 광경을 개인이 독차지하고 살아가다니 부럽기도 하고 얄밉기도 했다. 그러나 부러움도 잠깐, '거의 다 미국 사람들일 텐데, 아는 사람도 없고. 혹시 실수라도 하면 어떡하지?' 하는 생각에 긴장되었다. 스무 명 정도의 성인과 몇몇 꼬마 손님들이 하나 둘 들어왔고 악수하며 들은 이름을 0.5초 만에 머릿속에서 삭제해 가며 인사를 나누었다. 어차피 다시 볼 사람들도 아니고 부를 일도 없는 이름들…. 광대에 경련이 나도록 미소를 유지하는 것만으로도 나의 뇌는 충분히 애쓰고 있었다.

우리 아이들 또래의 남자아이가 관심을 보이며 근처를 서성대길래 아이들과 통성명하게 한 뒤 정원에 나가 같이 놀라고 했다. 어느새 보니 깔깔대며 이리저리 뛰어다니고 있는 아이들. 무엇이 그렇게 재미있느냐고 물어보니 '얼음땡' 놀이를 하고 있다고 했다.

"저 아이가 '얼음땡'을 알아?"

"쟤네도 얼음땡 비슷한 걸 한대."

한국어를 하나도 모르는 아이와 영어가 완벽하지 않은 아이들이었지만 지켜보니 놀이를 제대로 하고 있었다. '얼음'은 'ice'라고 했지만 '땡'은 달리 표현할 방법이 없어 그냥 '땡'이라고 했다. 술래를 뭐라고 하는지 몰라 그 남자아이에게 물어보니 'it'이란다. 가주어 'it', 그것 할 때 'it'은 들어봤어도 술래를 그렇게 부른다는 건 그때 처음 알게 되었다.

정원에서 놀던 아이들이 이번에는 주방으로 들어왔다. 식탁에 앉아 이제 무엇을 하면 좋을지 몰라 몸을 꼬고 있기에 '제로 게임'을 해보면 어떻겠냐고 했다. 우리 아이들이 먼저 주먹을 맞댄 뒤 엄지손가락을 들어 올리자 남자아이도 따라 했다. "three, six, zero!" 잠시 뒤 또 까르륵까르륵 웃는 소리가 들려왔다.

"얘들아, 너희 덕분에 이다음에 미국 아이들이 '얼음땡' 놀이를 하게 될지도 몰라. 여기저기서 '제로 게임'을 할 수도 있고. 너희가 알려줘서 미국 전체에 퍼질지도 몰라."

그 말을 믿었는지 아이들은 무척이나 흐뭇한 표정을 지어 보였다. 한참이 지난 지금에서야 오징어 게임의 전성시대가 오긴 했지만 말이다.

10여 년의 시간이 지났지만, 그 남자아이의 이름만은 확실히 기억한다. 그 애가 자기 이름을 알려주었을 때 내가 선뜻 그 이름을 되부르지 못했기 때문이다. 그 아이의 발음대로라면 분명 이름이 '좃사일'이었다. 어감이 민망하여 남편은 그 후로도 그 아이를 '조사일'이라고 조신하게 불렀지만 그건 이름에 대한 예의가 아니라고 나는 박박 우겼다. 어딘가에서 한국의 '얼음땡'과 '제로 게임'을 전파하고 있을 소년의 이름은 '조사일'도 아니고, '조싸일'도 아닌 '좆사일'이라고 나는 지금도 우기는 중이다.

같은 듯 다른 서점

올림피아 다운타운에는 작은 서점이 몇 개 있었다. 주인의 취향이 그대로 녹아든 독립 서점은 나의 로망이기도 해서 한글 책 하나 없을 서점이었지만 불쑥 문을 열고 들어가곤 했다. 아이들은 주로 어린이 책 판매대로 가서 팝업북이나 놀잇감 등을 들춰보았다. 그 틈을 타 나는 우리나라의 서점과 무엇이 다른가 둘러보느라 정신이 없었다.

어떤 서점은 밖에서 볼 때는 분명히 작아 보였는데 막상 들어가니 앞뒤로 긴 구조여서 의외로 많은 책이 꽂혀 있기도 했다. 더 깊은 안쪽으로 들어가니 “아!” 작은 탄성을 부르는 아늑한 공간. 다락방 같기도 하고 작은 응접실 같기도 한, 흔들의자와 작은 테이블, 테이블 위 빨간 화분, 바닥에 깔린 초록 러그와 사방을 둘러싼 낮은 책장이 나를 맞이했다. 마치 ‘누구나 와서 읽다 가도 좋아요. 편할 대로 있어요’라고 말하는 것 같았다.

비단 이 작은 서점뿐 아니라 우리가 돌아본 수많은 서점에 이렇게 의자나 소파가 놓여 있었는데, 당시만 해도 (그렇게 오래전이라고 하기는 어렵지만) 서울에서 그런 서점을 찾기가 쉽지는 않았었다. 특히 동네 서점은 책 한 권이라도 더 꽂기 위해 책장들이 빼곡했고, 조금이라도 오래 서서 책을 보고 있자면 뒤통수가 따끔거려 얼른 나와야 했다. 그런데 미국의 서점은 어느 곳이나 푸근한 소파를 두고 눈치 보지 않고 책을 읽을 수 있는 당당한 공간들을 꾸며 서점이라는 곳을 휴식의 장소로 느끼게 해주었다. 이것이 내 눈에만 좋아 보인 건 아니었나 보다. 한국에서도 서점이 생기거나 재정비될 때마다 책상과 소파, 의

자가 배치되고 아늑하고 개성 있는 작은 서점들이 동네의 핫플레이스가 되는 것을 보면 말이다. 기분 좋은 변화가 아닐 수 없다.

작은 서점만 있었던 것은 아니다. 우리에게 교보문고나 영풍문고가 있듯 미국에는 '반스앤노블Barnes & Noble'이 있다. 대형 서점답게 질서정연하고 각종 책과 더불어 관련 상품들도 다양해 눈길을 끌었다. 그중에서도 무릎에 올려놓고 책을 볼 수 있는 랩 데스크 하나가 나의 마음을 사로잡았는데, 부피와 가격이 부담스러워 살며시 내려놓아야만 했다. '한국에 가면 있을 거야. 있겠지? 있어야 해!' 하면서 그곳에 갈 때마다 매만지기만 하다가 돌아왔다. 한국에 와서 보니 역시나 비슷한 것들이 있긴 했지만 내가 원했던 '그것'은 없었다. 역시 꼭 사고 싶은 물건은 미루는 게 아닌가 보다.

반스앤노블에서의 또 하나의 잊지 못할 추억은 바로 스토리텔링 시간이다. 아이들은 매주 목요일 저녁 8시를 기다렸다. 그 시간 어린이 코너에 가면 직원이 쟁반에 음료수를 담아 온다. 어떤 날은 오렌지 주스, 어떤 날은 사과 주스, 매번 다르다.

우리 아이들은 "엄마, 오늘은 뭘 줄까?" 하며 갈 때마다 기대감에 들떴다. 책을 읽어주기 전에 아이들의 입을 즐겁게, 기분을 좋게 해줌으로써 스토리텔링 시간을 더욱 즐기게 하는 것이 정말 괜찮은 아이디어라는 생각이 들었다.

벽에는 커다란 나무 모형이 있고 바닥에는 풀밭을 떠올리게 하는 초록색 카펫이 깔려 있었다. 자원봉사자는 편안한 자세로 걸터앉아 대여섯 권의 책 표지를 먼저 보여준다. 그러고는 옹기종기 앉아 있는 아이들에게 그중 어떤 책을 듣고 싶냐고 물어본다. 대여섯 권을 준비하지만 다 읽어주는 것은 아니고 그중 선택 받은 서너 권을 읽어준다. 아이들은 자신들이 선택한 책을 읽어주니 더욱 집중할 수밖에. 아이들 모두 머리를 풀어헤치고 귀여운 잠옷 차림이다. 애착 인형이나 담요를 꼭

안고 있는 아이도 있었다. 베드타임 스토리 삼아 듣고 돌아가서 바로 자는 모양이었다. 그때 들었던 그림책들을 우리 아이들이 나중에도 보고 또 보고 했던 걸 보면 무척 좋은 시간이었던 것 같다. 시간과 장소를 제공한 서점도, 자원봉사자도, 나무 모형과 카펫도 몽땅 훔쳐 오고 싶었다.

주말을 이용한 포틀랜드 여행에서도 서점 탐방은 이어졌다. 세계에서 두 번째로 큰 서점인 파웰 서점Powell's Books이 있다기에 찾아갔는데 수십 개의 방으로 이루어진 거대한 미로 같았다. 층고도 어찌나 높은지 점원들이 사다리를 타고 오르내리는 모습도 인상적이었다. 많은 사람으로 복잡한 서점을 보니 예전의 종로서적이 생각났다. 북적대고 정신없지만 이곳도 만남의 광장 역할을 하지 않을까.

파웰 서점은 새 책과 중고 책을 함께 팔고 있었는데, 예상과 달리 새 책과 중고 책들이 사이 좋은 친구처럼 어깨를 나란히 하고 있었다.

"어랏! 신기하다. 얘들아, 이거 봐. 여기 《샬롯의 거미줄》이

몇 권 있는데 이건 새 책이고, 그 옆은 중고야. 그리고 중고 책도 상태에 따라 가격이 다르네."

나는 아이들에게 뒤표지에 붙은 가격표를 하나씩 보여주었다.

"이렇게 되어 있으면 어떤 점이 좋을까? 너라면 어떤 책을 사겠니?"

아이는 꽤나 상태가 좋은 중고 책을 이리저리 보더니 중고여도 깨끗하다며 새 책을 사지 않아도 되겠다고 했다. 검색대에서 책이 꽂혀 있는 위치를 찾고 그 자리에서 새 책을 살지 중고를 살지, 중고라면 얼마짜리를 살지 결정할 수 있는 게 합리적으로 보였다. 서점 주인의 철학에 감동했다.

여행을 다니면서 '우리나라도 이랬으면 좋겠다' 하는 것들이 종종 눈에 들어오는데 이런 아이디어야말로 나 같은 사람에겐 시급하고도 간절한, '꼭 그랬으면 좋겠다는 것' 중에 하나였다. 물론 책을 쓰고 팔아야 하는 작가 입장에서는 그리 달가운 일이 아닐지도 모른다. 그때는 독자의 입장이어서 더욱 그랬겠지만 작가가 된 지금도 여전히 중고 책과 새 책을 같이 진열해 두는 것은 좋은 시스템이라고 생각한다. 사서 읽든 빌려 읽든 내 책을 읽는 독자들이 손쉽게 책을 구할 수 있는 환경이 되었으면 좋겠다. 그러면 책 읽는 사람이 더 많아질 테고 결국 작가들에게도 좋은 일이 될 것이다.

뭐니 뭐니 해도 가장 신기했던 건 어느 서점을 가도 문제집, 학습지류가 거의 없었다는 점이다. 우리나라처럼 문제집을 푸는 것이 공부라고, 교육이라고 생각하지 않기에 가능한 서점의 모습이 아니었을지. 문제집이 없는 서점. 진짜 서점의 모습 같아 부러웠다. 그래서 더 오래 머물고 싶었던 걸지도 모르겠다.

장난감이 없어도 괜찮아

옷가지와 생필품만으로도 짐은 이미 포화상태였고 장난감까지 챙겨갈 수 없어서 여행에서의 심심함은 예상된 경로였다. 아이들은 가지고 놀 장난감이 없으니 무조건 밖으로 나갔고(장남감이 있다 해도 숙소가 너무 좁아서 놀 수도 없었을 것이다.) 바깥 구경을 놀이로 삼았다.

아이들에게 새로운 동네는 말하자면 거대한 장난감이다. 길도, 건물도, 나무도, 차도, 관찰할 수 있는 모든 것이 장난감이 된다. 매일 똑같은 환경에 있으면 관찰할 게 없으니 아이들은 새로운 장난감을 원한다. 새로운 장난감이 생기면 한동안 손에서 놓지를 못하고 충분히 보고 만지고 다루어 보는데, 그 과정이 전부 놀이다. 그러니 낯선 이국땅의 모든 것이 어찌 장난감이 아니라 할 수 있을까.

올림피아는 뉴욕 같은 대도시가 아니어서 건물들이 대부분 위로 높게 뻗지 않고 낮게 줄지어 있었고, 건물 밀집도가 낮아 어디를 가든 차를 타고 이동하는 것이 자연스러웠다. 옷 가게에서 신발 가게를 가려면 차를 타야 한다. 문방구를 가려면 또 차를 타야 한다. 슈퍼를 가려면 또…. 때문에 동네 놀이터라 해도 차를 타고 가야 했다. 게다가 그곳은 겨울이 우기였기 때문에 놀이터는 언제나 텅텅 비어 있었다.

원래 이렇게 조용하고 인적이 드문 곳인가 했는데 우리가 돌아오기 직전인 2월 말에 보니 놀이터에 아이들이 눈에 띄게 많아졌다. 알고 보니 우울증을 불러오는 우중충한 날씨를 피해 휴가를 떠나는 기간이었다고 한다. 덕분에 놀이터가 온통 우리 차지가 된 것은 다행이었다. 습기 가득 머금어 질퍽질퍽한 땅에 운동화가 푹푹 빠져도 개의치 않았다. 평소라면 내키지 않았을 미끄덩한 철봉이나 그네도 기꺼이 만졌고, 한국에서는 볼 수 없는 독특한 놀이기구에 도전해보기도 했다.

근처 호숫가에서 넋을 놓고 서 있기도 했고, 새들을 따라 걷기도 했다. 10도 내외의 포근한 날씨에 파릇파릇한 잔디는 겨울임을 잊게 했고, 거기서 우리끼리 '무궁화꽃이 피었습니다' 놀이도 했다. 그러다가 작은아이가 바닥에 떨어진 얇은 나뭇가지 하나를 주웠다. 버리라고 해도 계속 들고 다니길래 이걸로 뭘 할지 궁리했다. 장난감이 없으니 평범해 보이는 나뭇가지조차도 놀이 도구로 만들어 볼 참이었던 거다. 우리는 그 나뭇가지를 가지고 숙소로 돌아왔다.

"아빠, 이걸로 뭘 하지?"

"그러게. 뭘 할까?"

그동안 너무나 바빴던 아빠였다. 아이들이 일어나기 전에 집을 나서서 아이들이 잠들 때쯤 들어왔기 때문에 마음껏 놀아줄 수 없었는데, 매일 아이들과 저녁 시간을 보내는 이 상황이 남편은 낯설면서도 반가웠을 것이다.

"새총을 만들까?"

나뭇가지가 묘하게 Y자 모양을 하고 있었기에 떠오른 생각이었나 보다.

"고무줄이 없으면 새총을 만들 수가 없는데."

나는 기꺼이 아이 머리끈 하나를 희생시키기로 했다. 아이들은 아빠를 중심에 두고 둘러앉아 아빠의 손놀림에 시선을 고정했고 드디어 새총이 완성되었다. 물론 새를 잡을 생각은 없었다. 하지만 아이들은 고개를 기우뚱, 한쪽 눈을 질끈 감고 신중하게 고무줄을 당겨 보았다. 작은 물건을 세워 두고 맞추기를 계속하면서 전혀 지루하지 않은 저녁 시간을 보냈다.

결국 언젠가는 관심 밖으로 밀려나 잊히고 마는 장난감. 그 가치는 가격에 비례하지 않는다. 배고픔이 가장 좋은 반찬인 것처럼 결핍은 사소한 나뭇가지도, 동네 풍경도, 비에 젖은 놀이터도 훌륭한 장난감으로 만들어 주었다. 장난감을 가져가지 않았던 건 결국 옳은 결정이었다.

레이니어산의 한국 눈사람

한겨울에도 영하로 내려가지 않는 지역이라 눈은 볼 수 없을 거라고 했다. 반팔, 반바지 차림으로 조깅하는 사람들도 더러 보이길래 우리도 슬그머니 오리털 패딩을 벗고 얇은 점퍼를 샀다. 그럼에도 하얀 눈을 일 년 내내 볼 수 있는 곳이 있었으니 바로 레이니어산이다.

레이니어산은 마치 이 지역을 지키는 산신령처럼 어느 곳에서나 보였다. 너무 잘 보여서 가까운 줄 알았는데 막상 운전해서 가보니 꽤나 멀었다. 오리털 패딩을 다시 꺼내 입고 오랜 만에 겨울을 제대로 느껴보자며 산으로 향했다. 길을 따라 산 중턱을 넘어가자 아이들이 "눈이다!"를 외쳤다. 다른 차원의 세계로 들어온 것처럼 갑자기 온통 눈 세상이 되었다. 겨울이라 길을 다 열지 않아 중간까지만 올라갔는데도 온통 눈 천지였다. 그것도 아무도 밟지 않은 눈.

"우리 눈사람 만들어도 돼?"

"글쎄, 여기 만들 만한 곳이 있을까?"

쌓일 정도의 눈만 오면 한밤중이라도 나가서 무조건 눈사람을 만들던 아이들이니 미국의 눈이든 한국의 눈이든 보았다 하면 일단 뭉치고 굴려서 눈사람을 만들어야만 했다.

차를 세우고 좀 걸어가니 평평한 지대가 나타났다. 아무도 밟지 않은 새하얀 눈밭을 보니 가슴이 설렜다. 눈사람 만들기에도 딱 좋은 평지로 보였다. 그런데 몇 걸음 걷던 큰아이의 발이 싱크홀에 들어가듯 푹 빠지는 것이 아닌가. 처음엔 놀랐고, 그다음엔 웃었다. 허벅지까지 쑥 들어가 빠져나오지도, 나아가지도 못하고 허우적대는 모습이 그저 우스웠다. 바다 위가 평온해도 바닥은 울퉁불퉁한 것처럼 눈밭의 바닥도 들쑥날쑥한 모양을 하고 있었나 보다.

"근데 어떤 눈사람을 만들 거야?"

"음… 한국 눈사람. 한국 눈사람을 만들 거야."

"한국 눈사람은 뭐가 다른데?"

"한국 눈사람은 동그라미 두 개만 만들면 돼. 영어책에서는 눈사람이 세 덩어리로 되어 있거든. 아, 태극기를 꽂아 두면 좋은데."

어린아이들의 마음속에서 애국심은 어떻게 생겨나는 것일까? 배워서일까? 아니면 본능일까? 결국 태극기는 꽂지 못했지만 아담한 눈사람을 만들어 눈, 코, 입을 만들고 나뭇가지로 팔도 꽂아 주었다.

"레이니어산에 눈사람을 만들고 온 한국 사람은 너희밖에 없을 거야."

그러나 독특한 짓을 한 한국 사람은 또 있는 것 같았다. 거대한 절벽에 적힌 수많은 낙서 중에서 유독 '왕'이란 글자가 선명하게 적혀 있었기 때문이다. 아무 장비도 없이 어떻게 저 높은 곳에 낙서를 할 수 있었을까?

"우리나라를 알리는 건 좋지만 엄마는 저런 낙서는 별로 도움이 안 된다고 생각해. 여기가 이 지역의 국립공원인데 여행을 왔으면 잘 보호되도록 협조해야지."

이후 다른 여행에서도 한글 낙서는 무척이나 많이 눈에 띄었다. 그때마다 아이들은 인상을 찌푸렸고 부끄러워했다. 우리만 쓰는 한글이지 않은가. 자랑스러운 곳에서만 볼 수 있는 한글이었으면 한다.

산에서 내려오는데 중간중간 차들이 세워져 있어 근처에 카페나 식당이 있을 거라고 짐작했다. 눈 덮인 산 말고는 아무것도 없는데 차를 세워 둘 이유가 달리 떠오르지 않았으니까. 그런데 아무것도 보이지 않았다. 그럼 이 차의 주인들은 모두 어디로 갔단 말인가? 그때 산 위에서 보드나 스키를 타고 내려오는 사람들이 하나둘 보이기 시작했다. 돈 한 푼 들이지 않고 천연 눈 위에서 마음껏 겨울 스포츠를 즐기다니, 복 받은 사람들이다.

산 위에선 눈발이 조금씩 흩날렸는데 아래로 내려오니 언제 그랬냐는 듯 말짱하게 갠 날씨다. 우리는 다시 현실 세계로 돌아왔고 백미러로 보이는 레이니어 산신령과 눈사람에게 아쉬운 작별 인사를 전했다.

Happy Birthday

"뭐 먹을까? 오늘은 소은이 생일이니까 소은이 맘대로!"

딸아이 생일이라 특별히 한인 식당에 가기로 했다. 남편과 내 눈은 자꾸만 갈비와 삼겹살로 향하는데 아이는 한사코 '김치'찌개와 '김치'볶음밥을 먹겠다고 고집을 부렸다. 김치찌개와 김치볶음밥 중에 하나만 먹고 다른 것도 시키자고 설득해 보았지만 생일이니까 두 개 다 먹어야 한다며 의지를 꺾지 않았다. 미국에 온 지 거의 한 달, 이해가 안 되는 건 아니었다. 밥을 해 먹기는 했지만 한계가 있었고, 더구나 김치는 찌개나 볶음밥의 재료로 쓰기에는 손 떨릴 만큼 아까웠다. 결국 아이 소원대로 김치+김치 식사를 했고 이어 토이저러스ToysRus로 향했다. 도착하기 전 아이에게 선물에 관해 몇 가지 부탁을 했다.

"너도 알다시피 우리는 한국으로 돌아가야 하잖아. 그래서 짐이 너무 많으면 곤란해. 그러니까 되도록 작은 것을 고르자. 그리고 네 생일이지만 동생 걸 사지 않으면 동생이 많이 섭섭할 거야."

아이는 고민하며 돌아보더니 한 곳에 딱 멈춰 서서는 '근데 이건 안 되겠지?' 하는 눈빛으로 나를 쳐다봤다.

"헉, 너무 크지 않니?"

"엄마, 이거 〈내 친구 아서〉에 나오는 '문 슈즈'moon shoes(고무줄로 엮은 신발로, 위에 올라타서 걸으면 탄성 때문에 우주에서 걷는 느낌이 난다)인데, 이거 신으면 우주에서 둥둥 떠다니는 기분이래. DVD 보면서 너무 신기했는데 이게 여기 있네? 정말 재미있겠다. 근데 너무 크지? 너무 커서 안 되겠지?"

아무래도 부피가 마음에 걸렸다. 두 달 치 겨울 짐이어서 이민 가방에 여행 가방까지 이미 포화상태였는데 저 장난감 하나만 해도 가방 하나를 차지할 크기니 당연히 안 되는 거였다. 하지만 원하는 게 아니라면 어떤 선물이 마음에 들어올까. 다른 걸 골라보려 애쓰면서도 아이 얼굴엔 그늘이 졌고, 웃음을 잃은 채 아무것도 선뜻 집어 들지 않았다.

"저걸 가져갈 수 있을까?"

"애가 저렇게 갖고 싶다는데… 짐을 잘 정리해서 넣으면 되지 않을까?"

딸바보 남편은 머리에라도 이고 갈 표정이었다. 그렇게 문 슈즈가 아이 품에 안겼다. 그랬더니 작은아이마저 커다란 나무 블록 원통을 가리킨다. '아, 이것도 너무 큰데…' 그러나 누구는 되고, 누구는 안 된다는 건 있을 수 없는 일. '우리 둘 머리에 하나씩 이고 가게 생겼네.' 생각하면서 결국 카드를 긁었다.

문 슈즈는 조립 과정도 만만치 않았다. 타원형 통에 납작하고 탄탄한 검정 고무줄을 여러 겹 걸쳐 끼워야 하는데 꽤 힘이 들었다. 그래도 그 위에 올라서서 걸어 다니며 헤죽대는 아이를 보니 조립하느라 애쓴 남편도 만족스러운 표정이었다.

한국으로 돌아올 땐 포장 박스는 버리고 문 슈즈 속 빈 공간과 나무 블록 통에 자잘한 물건들을 채웠다. '어떻게든 하면 되는 거야! 안 되면 되게 하는 거지!'

집으로 돌아와서도 보잉 보잉 걸어 다니는 아이를 보니 잊을 수 없는 생일 선물을 만들어 준 것 같아 뿌듯했다.

뒷목 잡은 비싼 착각

미국에서 지내려면 차는 필수다. 중고차가 더 나을 거라고 조언하는 사람도 있었지만 겨우 두 달인데 구매는 왠지 부담스러웠다. 그래서 예산에 맞는 적당한 차를 골라 온라인으로 두 달 치를 예약해두었다. 공항에 도착해 해당 렌터카 회사를 찾아가니 직원이 계약서를 가져와 반납 날짜와 장소 등을 친절히 알려주었다. 이제 예약한 차를 타고 떠나면 그만이었는데 과도한 친절을 보이던 그 직원이 갑자기 다른 차를 설명하기 시작했다. 더 좋은 차를 저렴하게 렌트 해주겠다는 것이다. 그렇다면 마다할 이유가 없지 않은가. 나는 예약한 차 대신 그 차로 덜컥 바꾸고 말았다.

행사 기간인가? 안 그래도 차 바꾸는 걸 포기하고 그 돈으로 온 여행 아니던가. 두 달 만이라도 우리 차보다 좋은 거 좀 타보자, 하며 우리의 발이 되어 줄 까만 승용차에 올라탔다.

"이 차 맞아? 하이브리드잖아."

남편의 미심쩍어하는 말에도 "그러니까 말이야. 근데 이게 더 싸다니까" 하며 어깨를 으쓱했다. 흐린 하늘에 한두 방울 떨어지는 빗방울마저 고속도로를 달리는 우리 가족을 환영하는 거라고 내 맘대로 생각했다.

차 렌트가 해결되자 이번엔 주유가 문제였다. 기름은 충분히 남아있었지만 어떻게 주유를 해야 하는지, 주유소가 어디에 있는지도 모르는 채 기름이 떨어져 허둥대고 싶지는 않았다. 지금은 셀프 주유가 흔해졌지만 당시에 나는 한국에서조차 한 번도 셀프 주유를 한 적이 없었다. 주유 기계 앞에 섰는데 카드를 사용하려고 하니 집 코드Zip code(우편번호)를 넣으란다. 여행자인 나에게 그런 게 있을 리 없다. 대부분의 주유소는 편의점에서 같이 운영하기 때문에 편의점 안으로 들어가 문제를 해결해야 했다.

남편은 학창 시절 나보다 월등히 영어 점수가 높았으면서도 의사소통과 관련된 모든 것을 나에게 맡겼다. 의사소통은 영어 실력이 아니라 임기응변, 또는 비언어적 표현을 잘하는 사람이 더 유리하다는 판단에서였을 거다.

'뭐라고 말을 해야 하지?' 최대한 머리를 굴리면서 천천히 걸었다. 차에 타고 있는 남편 쪽을 돌아보니 '잘 말하고 해결해!' 하는 듯한 표정이었다. 나를 믿는 표정을 보니 황당했다. 대체 나를 왜 믿는 거지?

직원에게 다가가 나는 여행을 온 사람이고, 셀프 주유가 처음이라 어떻게 해야 하는지 잘 모르는데 도와줄 수 있는지 물어보았다. 직원은 가게 안에 있는 기계에 금액을 입력한 뒤 친절하게도 직접 차까지 와서 시범을 보여주었다.

또 어느 날은 자신 있게 편의점 안으로 들어가 주유 기계 번호를 말하고 계산까지 했는데 주유 중간에 작동이 멈추는 게 아닌가. 한국보다 기름값이 훨씬 싸다는 것을 미처 생각지 못했던 것이다. 다시 쭈뼛쭈뼛 안으로 들어가 장황하게 설명을 시작했다.

"아까 제가 20달러 줬잖아요. 기억하죠? 그런데 가득 차서

멈췄어요. 남은 돈을 돌려줄 수 있나요?"

일은 잘 해결되었다. 한편으로는 안도했지만 또 화도 났다. 이런 상황에서 말을 할 줄 아는 게 진짜 영어 실력일 텐데 멍청한 사람이 아니라도 말을 제대로 못하면 멍청한 사람이 된다는 걸 짧은 순간에 깨달았다.

주유할 때마다 나의 말은 점점 짧아졌다. 나중에는 "Number 5, 10dollars please(5번 주유기, 10달러 부탁합니다)"라고만 했다. 길게 말한다고 그 언어를 잘하는 건 아니다. 짧게 끝낼 수 있는 말은 짧게 하는 것이 효율적인 언어다.

그렇게 렌트카를 잘 타고 다니다가 메일에서 카드 내역을 확인하곤 심장이 떨어졌다. 그때 당황하던 내 모습을 지금까지 아이가 기억할 정도다. 차 렌트비가 무려 200만 원! 그 친절한 직원의 말을 넘겨짚고 한 달 치 금액을 두 달 치로 착각했던 거였다. 세상에, 렌트비로 400만 원이라니. 잘 못 알아듣겠으면 못 알아듣는다고 했어야지, 미리 알아보고 예약까지 했으면 누가 뭐래도 그대로 했어야지, 이런 어처구니없는 실수를 저지르다니 스스로 매질이라도 하고 싶은 심정이었다. 얼굴이 달아오르고 심장이 쿵쾅댔다. 넉넉한 예산으로 간 게 아니었기 때문에 남편의 얼굴을 차마 볼 수가 없었다.

"이상하긴 하더라. 그래도 착각한 덕분에 좋은 차 탔잖아." 남편은 비난 대신 따뜻한 위로를 해주었다. 부부는 20만 원 가지고는 피 터지게 싸울 수 있다. 그러나 200만 원일 때는 옆으로 와서 서주는 거다. 무너질 정도면 꽉 잡아주는 거다. 남편이 그리 말하니 내 표정을 보고 겁먹었던 아이들도 이내 아무렇지 않은 듯 자신들의 놀이로 돌아갔다. 지금 생각해도 너무나 가슴 찡하게 고마운 순간이다.

그때의 차 사진을 보면 애증이 뒤섞이면서 그립기도 하다. 그리고 좋았던 기억 덕분에 나중에 차를 바꿀 때 하이브리드로 선택하기도 했다. 이제 계약서 같은 것은 남편과 같이 꼼꼼하게 확인하고 있다. 나는 그리 믿을 만한 사람이 아닌 것을 확실히 경험했으므로.

없으면 없는 대로

더블베드 두 개, 작은 싱크대와 냉장고, 식탁 하나, 의자 둘, TV, 암체어 하나. 그 작은 공간에서 우리 네 식구가 복닥대며 두 달을 보냈다. 가장 적응되지 않았던 것은 카펫 생활. 아이들은 절대 슬리퍼를 신지 않았고 그렇다고 신발을 신지도 않았다. 걸어 다니는 거야 어쩔 수 없다 쳐도 바닥에 앉거나 뒹구는 것은 아무래도 찜찜했다. 진드기나 곰팡이가 득실거릴 것 같은 생각에 우리는 침대와 침대 사이에 요가 매트를 깔았다. 공간이 작아 더 큰 걸 깔 수도 없었지만 그 작은 매트 위에서 아이들은 할리갈리 게임도 하고, 엎드려 그림을 그리고, 책을 읽었다.

하나뿐인 식탁은 식탁도 되었다가 아이들 책상도 되었다가 나의 노트북 책상이 되었다가 하며 수시로 용도가 변했다. 정작 책상이 있어야만 했던 남편에게까지 차례가 돌아가진 않았다. 남편은 방 안을 둘러보다가 적당한 것을 찾아냈다. 바로 옷걸이 아래에 있는 다리미대였다. 다리미대를 책상처럼 사용하는 남편을 보니 우습기도 하고 애처롭기도 했다. 최대한 구매를 피하고 있는 것을 활용하려다 보니 잔머리만 늘었다. 원래의 용도가 뭐가 중요한가. 용도는 사용하는 대로 정해지는 것이다.

그럼에도 불구하고 도저히 안 사고는 버틸 수 없었던 것이 바로 프라이팬이다. 숙소에 있는 프라이팬은 뭘 굽기만 하면 들러붙고 연기가 심하게 났다. 어떻게든 안 사고 버텨보자 했는데 한 번은 화재경보기가 빼액 빼액 울리는 게 아닌가. 어찌나 당황했던지 문을 열어야 하나, 닫아야 하나 허둥지둥 호들갑을 떨었다. 큰일 아니라고 프런트에 가서 설명을 한 뒤 자존심이 팍 상한 나는 그 길로 바로 차를 몰고 나가 프라이팬을 사서 돌아왔다.

제대로 된 프라이팬이 생기니 먹고 싶은 게 생겼다. '아, 삼겹살 먹고 싶다!' 생각만으로도 침이 꼴깍 넘어갔다. 그러나 마트를 아무리 둘러봐도 우리가 먹는 그런 삼겹살과 상추가 있을 리 없었다. 아쉬운 대로 두툼한 베이컨과 양상추를 사면서 미적지근한 기대를 걸었다. 삼겹살이라고 서로에게 최면을 걸고 쌈장을 찍어 먹으니 완벽한 맛은 아니지만 그럭저럭 분위기는 낼 수 있었다.

'미국 숙소' 하면 아이들은 치즈 스트링을 떠올린다. 가끔 아빠와 숙소 앞 계단을 내려가 세븐일레븐에 들르곤 했었다. 입에 맞는 과자도 없고, 음료수도 별로. 결국 사서 돌아오는 것은 죽죽 찢어 먹는 치즈 스트링이었다. 갈 때마다 두세 개씩 사오길래 맛있나 보다 했는데 막상 한국에 돌아와 똑같은 걸 발견하고 사주니 "와, 똑같이 생겼다" 외에는 별 반응이 없었다. 심지어 그 맛이 아니라고도 했다. 선택의 여지가 없을 땐 꿀맛이던 것도 마트 전체가 군침 거리일 때는 찬밥이 되는 모양이다.

우리가 알고 있는 원룸은 혼자 살기 적당한 공간이지만 비슷한 듯 다른 단칸방은 온 가족이 함께 사는 한 칸의 작은 방이었다. 사람들은 생활이 나아지면 집의 평수를 늘리고 각자의 방을 만들어 프라이버시를 존중하며 삶이 윤택해졌다고 생각한다. 그러나 그로 인해 가족 간의 스킨십이 줄어들고 대화가 사라지고 마침내 한집에 살아도 서로에 대해 잘 모르는 가족이 되기도 한다. 그런데 미국에서 부대끼며 살아보니 작은 공간의 장점도 있었다. 서로의 웃음소리가 더 크게 들리고, 작은 몸짓도 자세히 보이고, 관심이 늘어갔다.

어쩌면 두 달이라는 시한부 기간이어서 참을 만했던 것이었을 수도 있지만 없으면 없는 대로, 좁으면 좁은 대로, 불편하면 불편한 대로 살아보니 살아졌다. 가족끼리 똘똘 뭉친 행복한 시간이었다.

Where are you from?

'Where are you from?(어느 나라에서 왔나요?)' 여행 다니며 참 많이 들은 말이다. 미국은 다양한 인종이 살고 있어서 단순히 외모만 보고 그런 질문을 던지지는 않는다. 아마도 낯선 언어로 말하는 것을 보고, 또는 영어가 유창하지 않기 때문에 물어보는 것이리라.

"I'm from Korea"라고 하면 당연히 다 알아들을 줄 알았다. 올림픽도 개최한 나라인데, 월드컵도 열린 나라인데 설마 모를 리가. 그러나 당시 우리나라를 모르는 사람은 생각보다 너무나 많았다. 충격이었다.

슈퍼마켓에서 만난 한 꼬마도 우리가 이상했는지 빤히 쳐다보다가 "Where are you from?"이라고 물었다. Korea에서 왔다고 하니 모르는 나라라고 했다. "Do you know China or Japan?(중국이나 일본을 아니?)" 하니 그제야 안다며 환하게 웃는다. 그 중간에 있는 나라라고 하니 시큰둥하게 "아~"란다. 자존심도 상하고 속상했다. 어쩌다 우리나라를 안다는 사람을 만나도 조금 더 이야기하다 보면 대개는 일본을 가느라고 경유했다는 정도여서 멋쩍기도 했다.

"우리나라를 모른대? 왜? 우리나라 안 유명해?"

강대국들 사이에 끼어 있는 힘없고 작은 나라, 누군가에게는 듣도 보도 못한 나라임을 아이들에게 설명하는 것이 가슴 아팠지만 어쩌면 기회일지도 몰랐다.

"그래서 우리의 역할이 중요한 거야. 어쩌면 우리 말고는 평생 한국인을 만나지 못할 수도 있어. 그러니까 우리가 하는 행동이나 말이 저 사람들에게는 '한국' 전체에 대한 이미지가 되겠지? 네가 떼를 쓰면 '아, 한국 아이들은 이렇게 식당에서 떼를 쓰는구나' 생각할 테고, 네가 예의 바르게 행동하면 '한국 사람은 참 바르구나' 생각할 거야. 그러니까 우리가 한국을 대표하는 거지."

태어나서 몇 년이나 품어준 나라라고 내 나라가 욕먹는 건 또 싫은 모양이다. 한국에서보다 더 바르게, 더 얌전하게, 더 조용하게 행동하는 아이들을 보니 어려도 애국심이라는 게 있는 듯하여 뭉클했다.

지금은 해외여행을 할 때 'Korea'에서 왔다고 하면 모르는 사람이 거의 없지 않을까? 우리나라의 드라마, 케이팝, 영화 등이 전 세계적인 인기를 끌고 있고 곳곳에서 한국어 배우기 열풍이 불고 있다고 하니 말이다. 불과 10여 년 사이에 우리나라가 이런 문화 강국이 되었다는 사실이 실감 나지 않는다.

듣기만 하던 'Where are you from?'을 말할 일도 있었는데, 터코마의 어린이 박물관에서였다. 체험할 것이 많아 아이들을 그냥 풀어놓기만 해도 되는 박물관이었다. 부모가 되면 초반에는 따라다니는 게 일이고, 그 후에는 기다리는 게 일이다. 뭐든 함께 해야 하는 것도 힘들지만 기다리는 것도 만만치 않게 힘든 법인데 곳곳에 있는 의자들을 보니 이곳은 부모의 고충을 잘 이해하고 있는 것 같았다.

각국의 집을 체험하는 세트장이 있었다. 그중 일본 집 싱크대에서 요리 놀이를 하던 큰아이가 말했다.

"빨리 우리나라가 유명해져서 이런 곳에 일본이 아니라 한국 집이 있었으면 좋겠어."

한국 집이 없는 것이 몹시 섭섭했던 모양이다.

"엄마도 언젠가는 '아, 한국 옆에 있는 나라, 일본'이란 말을 듣고 싶구나."

그때 여자아이 하나가 눈에 들어왔다. 까만 머리에 까만 눈동자를 한 우리 애들 또래의 예쁘장한 아이였다. 함께 놀지는 않았지만 슈퍼 놀이 하는 곳, 집안 놀이 하는 곳 등 여러 곳에서 계속 우리 아이들 근처를 맴돌며 혼자 놀고 있었다. 내내 엄마 미소 지으며 쳐다보다가 주변을 둘러봐도 부모로 보이는 사람이 없길래 말을 건넸다.

"Where are you from?"

아이는 까만 눈을 동그랗게 뜨고는 참 이상한 걸 다 물어본다는 표정으로 "I'm from Seattle(시애틀에서 왔어요)"이라고 답했다. 한 2초 정도 멍했다. 나는 뭘 기대하고 물었던 걸까? China나 Japan 혹은 Korea를 기대했던 걸까? 그곳은 터코마였으니 40분 거리의 시애틀에서 왔다는 게 이상한 대답은 아니었다. 누구와 같이 왔냐고 물으니 할머니, 할아버지와 함께 왔다며 손가락으로 한쪽을 가리켰다. 한참 전부터 앉아 있던 백인 노부부가 보였다.

아이는 아무리 보아도 완벽한 동양인이었고, 할머니 할아버지는 아무리 보아도 완벽한 백인이었다. 순간 나는 얼굴이 화끈 달아올랐고 아이들이 여기저기 다니며 놀고 있는 동안에도 찜찜한 기분이 사라지지 않았다.

돌아오는 차 안에서 아이들에게 아까 옆에서 놀던 여자아이 기억나느냐고 말을 꺼냈다.

"엄마가 실수를 한 거 같아. 엄마는 너무나 당연하게 그 아이가 일본이나 중국 아이일 거라고 생각했거든. 그래서 어디서 왔냐고 물어봤는데 시애틀에서 왔다길래 거기로 이민 온 아이구나 했어. 근데 할머니, 할아버지가 완전히 백인이더라고. 입양되었을 수도 있고, 재혼 가정일 수도 있는데 엄마가 선입견을 품고 물어본 거 같아. 혹시 'Where are you from?'이라고 물어서 그 아이가 기분이 나빴을까?"

"아닐걸? 시애틀에 사니까 그렇게 대답한 거겠지."

아이라 그런지 단순하게 생각하는 듯했다.

혹시 나처럼 그 아이에게 "Where are you from?"을 묻는 사람이 많은 건 아닌지, 괜스레 미안한 마음이 들었다. 여러 인종과 다양한 가족의 형태를 머리로는 알아도 자연스럽게 여기진 못했구나 반성했다. 어떤 형태의 가족이면 어떤가? 그렇게 따뜻한 표정으로 손녀를 지켜보는 할머니, 할아버지가 계신데 말이다. 조금 부끄러웠지만 마음만큼은 따뜻했다.

시애틀에서 건진 유일한 가족사진

서울에서 대전이라고 하면 참 멀게 느껴지는데 올림피아에서 시애틀은 비슷한 거리인데도 멀게 느껴지지 않는다. 뻥뻥 뚫린 고속도로 때문일 수도 있고 제한 속도가 더 높아서이기도 하겠지만 워낙 땅덩어리가 커서 그런지 2시간 정도는 옆 동네에 가는 기분이랄까. 텍사스에 사는 한 친구는 짜장면이 너무나 먹고 싶어서 '비교적 가까운' 곳으로 3시간 운전해서 갔다고 할 정도니 말이다.

〈시애틀의 잠 못 이루는 밤〉에 나오는 수상 가옥이 보고 싶었다. 그 바람을 이루어 준 건 수륙 양용 오리배인 '라이드 덕ride the duck'이다. 허벅지에 쥐 나도록 열심히 발을 굴러야 하는 오리배를 생각하면 오산이다. 처음에는 바퀴 달린 차로 시애틀 시내를 이리저리 돌아다니다가 호수로 들어서는 순간 "어! 어!" 하는 사이 물 위에 둥둥 뜨는 배가 되는 것이다. 마치 물속으로 빠져드는 것 같은 불안감이 들면서도 짜릿하다. 기사가 어찌나 유쾌하고 유머러스한지 탑승 내내 즐거웠다. 특히 지나가는 장소를 설명할 때마다 모자를 바꿔 쓰는데, 야구장을 지나면서는 야구 모자, 호수로 들어가면서는 고글을 끼는 식이었다.

유니언 레이크로 들어가니 수상 가옥들이 보였다. 그중 하나가 〈시애틀의 잠 못 이루는 밤〉에 나오는 톰 행크스Tom Hanks의 집이라는데 '어디? 어디?' 하다가 지나가 버렸다. 집마다 요트를 정박해두고 언제든 호수로 유유자적 나설 수 있다니… 근사했다. 집 안에서 물멍(물보며 멍 때리기)이 가능하다는 것도 부러웠다.

시애틀에는 남대문 시장처럼 아주 오래된 전통 시장, 파이크 플레이스 마켓Pike Place Market이 있다. 어느 나라든 전통 시장에 가면 사람 냄새 가득하고 흥이 넘치고 눈이 즐겁다. 입구에 있는 큰 수산 시장에선 앞치마를 두른 남자 둘이서 거대한 생선을 던지고 받으며 쉴 새 없이 흥정을 한다. 거의 묘기 수준이어서 생선을 사는 사람보다 손뼉 치거나 사진 찍으며 구경하는 사람들이 더 많았다. 구불구불 좁은 시장 골목을 돌며 기념품도 사고 구경도 하며 오래된 시장 특유의 분위기를 제대로 느꼈다.

밖으로 나오니 마켓 앞쪽으로 잔디가 펼쳐져 있었다. 잔디

를 보자 아이들이 본능적으로 달리기 시작했는데, 그 순간을 찍은 사진이 있다. 이상하게 그 사진은 보면 볼수록 기분이 좋다. 마음이 평온해지고 느긋해지면서 향수마저 불러일으킨다. 날마다 흐린 시애틀의 겨울날에 어쩌다 나타난 햇살처럼 그 순간 역시 어쩌다 나타난 인생의 봄날 같이 느껴진다.

잔디 근처 토템 앞에서 남편과 내가 번갈아 가며 사진을 찍을 때였다. 그 모습을 지켜보던 한 청년이 다가오더니 자신이 찍어주어도 되겠냐고 했다. 해외여행에서는 무엇보다 사람을 조심해야 한다. 친절하게 다가오는 사람도, 사진을 찍어주겠다는 사람도, 말을 거는 사람도 일단은 경계하게 된다. 사진을 찍어주겠다면서 카메라를 들고 도망가는 사람도 있다고 하니 말이다. 그러나 사람과 사람 사이에는 묘한 기운이라는 게 있다. 그 청년이 우리 가족을 내내 사랑스럽게 바라보았고, 우리가 한 화면에 찍히지 못하는 것을 안타까워했음을 알 수 있었다. 진심이 느껴졌고, 정말 고마웠다.

그렇게 우리는 시애틀에서의 유일한 가족사진을 가질 수 있었다. 때때로 사진을 보면서 우리가 찍은 사진뿐 아니라 우리가 찍힌 사진에 대해서도 아이들과 이야기를 나누는데 그 사진을 볼 때마다 청년의 따뜻한 호의가 떠오른다.

비 오는 날의 시애틀

큰 도시에는 저마다 높은 빌딩이나 타워가 있다. 그리고 시애틀에는 스페이스 니들Space needle이 있다. 가장 높은 곳에 올라가면 마치 눈에 보이는 모든 지역을 다 정복한 것 같은 착각을 하게 된다. 그래서 '전망 좋은 곳'은 어디나 인기가 많은 것 같다. 잠시나마 인간의 정복 욕구를 채워주니까.

아무리 비수기라지만 이렇게나 관광객이 없다니 관광 명소가 맞나 싶었는데 올라가서 보니 그 이유를 알 것 같았다. 흐린데다 비까지 오니 거의 아무것도 보이지 않았다. 음… 시애틀을 정복하지 못했다. 설사 전망이 잘 보였다 해도 전혀 멋질 거 같지 않았다. 250년도 안 된 나라의 도시가 그리 신비로울 리가 없다. 비싼 입장료를 내고 들어와서 바로 내려가기 아까웠지만 그렇다고 달리 할 것도 없었다. 속인 사람은 없는데 괜히 사기당한 기분이었다.

"엄마, 여기 왜 올라온 거야?"

"그러게나 말이다."

공상 과학 영화에서 본 듯한 우주선이 얹혀 있는 것처럼 생긴 스페이스 니들은 그냥 아래에서 쳐다보는 걸로 만족할 걸 그랬다.

시애틀의 겨울비는 우산을 쓰기엔 민망하고 안 쓰기엔 찝찝하다. 곱슬머리인 사람들이 가장 싫어하는 종류의 부슬비다. 거의 날마다 비가 왔지만 우산을 쓰는 사람은 보기 힘들었고 사람들은 주로 후드티나 후드집업을 입고 다녔다. 비가 오니 야외 대신 시애틀 도서관에 가보기로 했다. 내비게이션을 찍고 다다랐을 때 독특한 디자인의 유리 건물이 눈에 들어왔다.

"어! 여기 우리 저번에 지나가면서 특이하다고 사진 찍었던 그 건물이잖아!"

정직하게 네모난 점잖은 색의 도서관, 또는 알록달록한 어린이 도서관만 보다가 전혀 도서관 같지 않은 세련된 외관의 도서관을 보니 엄지가 올라갔다.

10층 건물 중앙엔 백화점처럼 에스컬레이터가 있었다. 층층이 다 돌아보고 싶었지만 역시나 아이들이 원하지 않았다. 평소 책에 관심이 많은 남편에게 도서관을 구경할 기회를 주고 나는 아이들과 어린이실로 향했다. 외국 책 코너에 가지런히 꽂혀 있는 한글 책들이 어찌나 반갑던지. 근 한 달 반 만에 보는 한글 책을 아이들은 잔칫상 받은 배곯은 아이들처럼 꺼내 보고 또 꺼내 보고 자리를 떠나지 않았다.

"애들아, 여기 도서관 구경 좀 하자. 다른 데도 좀 가보고…"

나의 애원에도 아랑곳하지 않고 1시간이 넘도록 독서 삼매경에 빠져드는 아이들.

"지금 아니면 한글 책 또 못 보잖아. 엄마, 여기 다시 올 거야? 한글 책 많으니까 또 오자!"

물론 다시 올 일은 없을 테니 기다려 주기로 했다. 조그만 소리로 툴툴대기는 했지만.

"근데 애들아, 한국에 돌아가면 한글 책 무지무지 많거든~"

산 위에 병원이라니

워싱턴주 올림피아에서 남쪽으로 3시간 정도만 내려가면 주 경계선을 넘어 오리건주 포틀랜드에 도착한다. 매년 시애틀과 함께 가장 살기 좋은 도시로 뽑히는 곳이다.

하룻밤만 잘 거라 묵고 있던 숙소와 같은 체인점을 이용하기로 했다. 그리고 익숙한 구조의 방에 들어선 순간, 줄지어 바닥을 기어 다니는 개미들을 보고 깜짝 놀라지 않을 수 없었다. 그러나 다른 방이라고 개미가 없을 것 같지도 않았고 우리는 밤 늦게 들어와 아침 일찍 나갈 예정이었기 때문에 그냥 버티기로 했다. 아이들은 비명을 꽥꽥 지르며 침대 위로만 뛰어다녔고, 이동을 할 때는 안아 달라고 소리를 질렀다. 실은 그 재미로 더 왔다 갔다 하며 소동을 피운다는 걸 알고 있었다. 이제는 안고 다니지 않는 나이. 무조건 걸어야 하는 나이. 그래서 핑곗거리가 필요했을 나이. 개미 덕분에 하룻밤 새 얼마나 많이 안아주었는지….

숙소를 떠나면서 잊지 않고 직원에게 알려주었다. 개미가 많다는 말에 몰랐다는 듯 깜짝 놀라는 그녀의 연기는 지도가 필요한 수준이었지만 그냥 속아주었다.

포틀랜드 다운타운의 대중교통은 교통비가 무료였다. 몇 번을 갈아타도 말이다. (우리는 세금을 내지 않는 관광객이니 차비를 내야 했다.) 그로 인해 차량의 흐름이 원활하고, 공해가 심하지 않은 듯했다. 다운타운 가운데로는 몇 블록에 걸쳐 공원이 길게 뻗어 있어서 걷다가 쉬다가 하면서 이동이 가능해 보였다. 무조건 버스를 타기보다는 바쁘지 않다면 걷는 쪽을 택하겠다는 생각이 절로 들었다. 만약 서울 지하철 2호선 내의 모든 대중교통이 무료가 된다면 어떨까 잠시 상상했다. 그러곤 이내 고개를 저었다. 더 심한 만원 버스와 지옥철이 그려졌기 때문이다. 서울의 인구는 이젠 뭘 해도 감당할 수 없을 정도가 되었다.

교통수단을 이용할 때는 보통 목적지가 있게 마련이지만 교통수단 자체를 경험하고 싶어서 탄 것이 있었다. 바로 케이블카다. 남산 갈 때도, 설악산 갈 때도 탔던 케이블카는 그 자체만으로는 낯설지 않지만 병원의 이동 수단이 된다면 신기한 일이다.

포틀랜드의 OHSU 병원은 언덕 꼭대기에 자리하고 있고 그곳으로 가는 가장 빠른 방법이 케이블카다. 이를테면 원내 교통수단인 셈. 때문에 병원 관계자들은 무료로 이용이 가능했다. 케이블카 안에 흰 가운을 입은 사람들과 환자복을 입은 사람들이 타고 있으니 기분이 묘했다.

그런데 왜 굳이 병원을 이런 산 위에다 지었을까? 언뜻 이해가 되지 않았다. 그러나 올라가 보니 '아~!' 하고 깨달음의 탄성이 절로 나왔다. 전면 통창으로 보이는 포틀랜드 시내의 파노라마 뷰라니. 그러니까 이 병원은 병원 전체가 남산 타워 같은 전망을 갖고 있는 셈이었다.

"여기서 이렇게 내려다보니까 저절로 병이 다 나을 것 같지 않니?"

"근데, 엄마 이게 진짜 병원이야?"

병원은 평지에 있어야 한다는 건 고정관념이었다. 유리창으로 보이는 탁 트인 시야와 멋진 야경은 분명 투병 중인 사람의 미래를 바꿀 만큼 큰 영향을 줄 거라는 생각이 들었다.

내려올 때는 다른 대중교통을 이용할 수도 있었지만 우리는 다시 케이블카를 탔다. 크게 고민하지 않은 이유는 간단하다. 내려올 때는 '공짜'였으니까.

동물원은 동물 친화적이어야지

차는 포틀랜드 숙소에 세워 두고 버스와 전차의 중간 형태인 스트리트카streetcar와 지하철에 해당되는 트라이멧 맥스TriMet max를 갈아타고 워싱턴 파크에 있는 오리건 동물원Oregon Zoo으로 향했다. 알고 간 건 아니었는데 대중교통을 타고 가면 입장료가 할인된단다. 여러모로 공해를 줄이기 위해 노력하는 도시임이 느껴졌다.

아이가 있는 부모에게 동물원만큼 고마운 곳도 없다. 동물들을 보여주는 것이 부모의 의무인 양 참 부지런히 다녔었다.

책에서는 호랑이와 무당벌레의 크기가 비슷하다. 아무리 엄마가 "어흥~!"을 외쳐도 전혀 무섭지가 않다. '어흥'이 '야옹'과 다를 바가 없는 것이다. 기껏해야 손바닥 크기인데 무서울 리가 없지 않은가. 그런 아이에게 동물원은 그림이 현실이 되는 공간이며 감정이 살아나는 장소가 된다.

이끼 가득한 나무숲 사이로 걸어 다니며 동물들을 만났다. 해가 거의 없는 겨울, 스산하지만 차분한 분위기가 관람객마저 하나의 자연으로 만들었다. 동물원을 지었다기보다는 자연 그대로의 모습에 동물을 데려다 놓은 듯한, 그래서 사람에게는 다소 불편할 수도 있는 구조였다. 동물원의 주인이 누구인지를 확실히 알 수 있었다. 한편으로는 한국 동물원에 대한 안타까운 마음도 들었다. 물론 10년이 지난 지금은 그때 내가 부러워했던 부분들이 많이 개선되었고 보다 동물 친화적으로 바뀌었지만 말이다.

먼지와 지푸라기가 더덕더덕 붙은 커다란 오랑우탄 한 마리가 세상 무기력한 표정으로 퍼질러 앉아 우리를 구경하고 있었다. (우리가 구경한 게 아니다.)

"애들아, 인사해. 엄마보다 네 살이나 많으신 어르신이야."

그때 바로 옆에 서 있던 남자아이가 호들갑스럽게 중계를 했다. 어르신 오랑우탄 뒤쪽으로 한 쌍의 젊은 오랑우탄이 과감하게 애정행각 중이었던 것이다. 연신 “Oh, my god!”을 외치는 아이에게 뭘 하는 거 같냐고 물었더니 ‘Just hug’인 것 같은데 ‘아마도 밸런타인데이라서 그런 모양’이라며 이해한다는 표정을 지었다. 그 아이의 말에 같이 웃었다. 그날은 2월 14일, 밸런타인데이였으니까.

뭐니 뭐니 해도 가장 인상적인 건 호랑이와 얼굴을 맞댈 수 있는 커다란 통창이었다. 10센티미터 거리에서 맹수와 눈을 마주쳐 본 경험이 있는가. 호랑이는 통창 가까이에 바싹 붙어

서 사람들을 응시하며 어슬렁어슬렁 창을 따라 왔다 갔다 했다. 아이들이 호랑이와 마주 보고 있으니 곁에 있던 한 아저씨가 말을 걸어왔다.

"저 호랑이가 지금 무슨 생각 하고 있는지 알아? 점심으로 쟤네들을 먹어 볼까~ 하는 거야."

아저씨의 농담에 큭큭 웃으면서도 오싹해지는 건 어쩔 수 없었다.

이곳에는 코끼리 동상도 있고 코끼리 뼈도 있고 진짜 코끼리도 있지만 또 다른 코끼리도 있다. 한 손에 접시를 들고 다니는 사람이 많았는데, '엘리펀트 이어elephant ear'라는 과자를 파는 것이었다. 호떡같이 생겼지만 흑설탕이 들어가지 않고 위에 시나몬이 잔뜩 뿌려져 있는 과자. 맛이 궁금해서 하나 사보았는데, 이곳에서 먹는 음식들은 언제나 첫맛은 달지만 막판엔 느끼해진다. 맛에 대한 확신이 없을 때는 일단 하나만 사는 것이 좋다는 걸 다시 한번 확인했다.

거꾸로 강을 거슬러 오르는 연어처럼

어디를 가볼까 고민이 될 때는 무조건 검색을 했다. 지역을 검색하면 이런저런 사진들이 나오는데 그중에서 '이건 뭐지?' 싶은 것을 콕 찍어 찾아보고, 인터넷으로 길 찾기를 해본 뒤 갈 만하면 가는 것이다. 그렇게 해서 간 곳 중 하나는 포틀랜드에 있는 댐이었다. 댐 자체가 재미있는 곳은 아니지만 아이들에게 수력발전소를 보여주고 싶은 생각도 있었고, 컬럼비아강을 따라 댐으로 가는 길에 꽤 웅장한 멀트노마 폭포Multnomah Falls도 있다고 해서 부슬부슬 내리는 빗길을 나섰다.

아직 나이아가라 폭포Niagara Falls를 보지 못했으니 멀트노마 폭포는 우리가 여태까지 본 폭포 중에 가장 높은 폭포다. 떨어지는 게 비인지 폭포인지 구분하기 어려울 정도로 물방울이 많이 튀었다. 중간 지점까지 올라가면 다리를 건너 더 가까이에서 폭포를 볼 수 있다. 나이를 먹을수록 자연의 거대함과 웅장함 앞에 인간이 얼마나 초라하고 무기력한지 느끼게 된다. 그러나 아이들은 그곳에 매점이 있는지 없는지, 있다면 아이스크림은 있는지 그런 것에만 관심이 있을 뿐이다. 그리고 그곳의 매점은 아무리 아이들이라 할지라도 손이 가는 게 하나도 없는 그런 형편없는 매점이었다.

그러니 댐은 어땠겠는가? 수력발전소 따위가 눈에 들어올 리가 없었다. 엄청난 기계 소리가 웅웅 귀를 먹먹하게 만들었고 그 와중에 발전소 곳곳을 소개하는 직원의 말은 알아들을 수가 없었다. 아이들은 우리가 통역한 줄 알았겠지만 사실은 알아들은 것처럼 상식을 동원하여 남편과 내가 열심히 설명을 해준 것이었다. 그럼에도 댐이나 수력발전 원리는 아이들의 관심 밖이었고 오히려 커다란 통창으로 보이는 연어들에게 빠져들었다.

"아까 요 앞에서 본 계단 있잖아. 물이 흘러가던 계단 말이야. 그 계단이 이 연어들 때문에 만든 거래."

"연어가 계단으로 올라가?"

"연어는 자기가 태어난 곳을 떠나 먼 곳으로 갔다가 알을 낳을 때가 되면 다시 자기가 태어난 곳으로 돌아가는데 댐을 만들면서 물길을 다 막아버리면 연어들이 돌아갈 수가 없잖아. 그래서 연어가 잘 지나다닐 수 있도록 통로를 만들어 준 거야. 인간들 때문에 연어들이 알을 못 낳으면 안 되니까."

"그럼 이 연어들은 지금 알을 낳으러 가는 거야?"

아이들은 창에 바짝 붙어 서서 연어들을 바라보았다. 한참을 보았는데도, 연어가 죽어라 헤엄을 치는데도 연어는 1센티미터도 앞으로 나아가질 못했다.

"엄마, 아까 아까부터 이 자리에 그대로 있어. 연어들이 고향으로 갈 수 있을까?"

걱정되는 모양이었다.

"음… 여기 설명을 읽어보니까 1시간에 1~3센티미터 정도 움직이는데, 물살이 세면 뒤로 밀리기도 한대."

"그럼 헤엄치나 마나 아니야?"

"그래도… 앞으로 가지 않는다고 헤엄치는 것을 멈춘다면 어떻게 될까?"

아이는 생각에 잠겼다.

댐을 둘러보고 밖으로 나가기 전 다시 마주하게 된 연어들.

"얘네들, 아까 그 애들이지? 아직도 그대로네?"

안타까워 쉽게 발길을 돌리지 못했다. 있는 힘을 다해 노력해도 계속 제자리일 수도 있다는 슬프지만 흔한 현실을, 그 설명하기 어려운 사실을 연어가 대신 알려주어 고마웠다. 그리고 그럴 가치가 있다면 설사 뒤로 살짝 밀리는 한이 있더라도 꾸준히, 묵묵히 헤엄쳐야 한다는 사실도.

강산에의 〈거꾸로 강을 거슬러 오르는 저 힘찬 연어들처럼〉이라는 노래를 들으면 이날 보았던 연어가 떠오른다. 한참 동안 바라보았던 그 힘찬 헤엄이….

수력발전소를 빠져나오며 사이드미러를 보았다. 강 위에 붙어있는 구름과 안개의 모호한 경계가 마치 수묵화에 나오는 신선의 나라처럼 신비로워 보였다.

에드워드와 벨라를 찾아서

새빨간 입술에 은가루를 뿌린 듯한 대리석 같은 피부, 뱀파이어보다는 드라큘라에 가까운 외모도 모자라 초능력까지 겸비한 순정파 남주인공. 그리고 사랑에 있어서는 무모하게 용감한 어여쁜 여주인공. 독서 모임에서 읽은 《트와일라잇Twilight》 소설의 배경지가 미국 북서부에 있다니 자연스레 지도를 들여다보게 되었다. 흠… 3시간 정도면 갈 수 있겠군.

"아니, 뭐 꼭 가자는 건 아니고…."

슬쩍 이야기를 꺼냈는데 뭔지는 모르지만 엄마가 재미있

게 본 책의 배경지라니 한번 가 보자며 다들 흔쾌히 동의해 주었다.

양쪽으로 침엽수가 쭉 뻗은 도로에는 오가는 차가 없었다. 안 막히는 길과 시간대가 없는 서울에 살면서 이런 길은 꿈에서도 상상해보지 못했다.

"저런 나무 위를 막 날아다닌다니까. 벨라를 안고 말이야."

꼭대기에서 내려다보면 다리가 후들거릴, 무시무시한 높이를 자랑하는 나무들이었다. 영화에서 본 딱 그런 나무.

시원하게 달려 도착지 근처까지 갔는데 배에서 꼬르륵 소리가 났다.

"어머, 이런 시골에 중국 음식점이 있네!"

'금문金門'이라는 한자어 간판을 단 식당이 보였다. 같은 이름을 가진 집 앞 중국집을 떠올린 아이들은 자연스레 짜장면을 외쳤지만 메뉴판을 보고 크게 실망했다. 우리는 메뉴판의 사진을 보며 최대한 탕수육과 비슷한 음식, 최대한 깐풍기와 비슷한 음식을 골라야 했다.

"애들아, 중국 음식점에 중국 음식만 있는 건 아니야. 짜장면도 우리나라 음식이지. 중국에 가면 오히려 못 먹는다."

이국 땅에 와서 간절히 먹고 싶은 것을 보니 짜장면은 확실히 우리나라 음식이 맞긴 맞는 것 같다.

포크스Forks 마을에 도착하니 트와일라잇 주인공들을 내세운 홍보 문구와 포스터, 입간판 들이 눈에 띄었고, 작은 기념품점엔 손님들도 더러 있었다. 하지만 생각보다 조용하고 평범한 시골 마을이어서 살짝 실망스럽기도 했다. 영화 촬영지와는 거리가 좀 있었고, 작가는 이 마을을 배경 삼아 소설을 썼다고 한다. 지역 주민들이 살고 있으니 집에 들어가거나 시끄럽게 하지 말아 달라는 팻말들도 여기저기 보였다.

벨라의 집, 에드워드의 집 앞에서 조용히 사진을 찍었다. 그리고 학교 주차장에서도. 이성적으로 생각하면 주차선 말고는 아무것도 없는 곳에서 사진을 찍는 건 이상한 행동이다. 하지만 의미를 부여하면 이상한 사진은 있을 수 없다. 바다만 찍힌 사진에서도 웃음소리를 들을 수 있고, 꽃만 찍힌 사진에서도 엄마를 볼 수 있는 것처럼 사진 속에는 보이지 않는 사연들이 들어 있는 법이다. 사진을 찍는 그 순간, 그 자리에 있었던 사람들만 그 비밀을 안다. 주차선 그어진 아스팔트 주차장에서 나는 에드워드와 벨라와 함께였다.

거기까지 갔으니 '라 푸쉬La Push' 해변을 가지 않을 수 없었

다. 늑대인간이 살고 있다는 소설 속 인디언 마을의 해변인데, 그곳은 실제로도 아메리칸 원주민들의 거주지였다. 근처에 가니 이런 팻말이 보였다. "No Werewolf!(늑대인간 없음!)" 위트 있는 문구에 웃음이 났다.

바람이 세게 불고 파도가 컸다. 빗방울이 후두둑 내리기 시작해서 후드 모자를 씌우고 서둘러 사진기 셔터를 눌렀다. 해변에는 어디선가 떠내려온 나무 기둥들이 여기저기 널브러져 있었는데 나무 기둥이 주황색이라며 아이들이 신기해했다.

나무 기둥은 무조건 갈색이나 고동색으로 칠하던 어린 시절의 내가 떠올랐다. 이제 아이들의 그림에서 나무 기둥이 밝은 주황색이 될 수도 있다고 생각하니 기분이 이상했다. 아이가 나무색을 주황색으로 칠했다 해서 틀린 것은 아닐 것이다. 보지 못했을 때도 지구 반대편에서는 이미 존재하고 있었으니까 말이다. 산이 평평할 수도 있고, 산타 할아버지가 반바지를 입을 수도 있고, 하늘이 회색일 수도 있고, 나무줄기가 주황색일 수도 있는 것이다. 아이들의 마음은 종종 상식을 벗어나지만 그래서 어쩌면 우리가 모르는 진실에 더 가까울 거란 생각이 들었다.

우리는 벨라와 에드워드의 첫 데이트 장소였던 레스토랑에서 저녁을 먹었고, 벨라가 들어가려다 말고 돌아선 서점에도 들어가 보았다. 이 지역을 왔다 갔다 하며 머릿속에서 스토리를 구상했을 작가를 생각하니 현실과 가상이 반반 섞여 있는 곳 같아 신기했다.

숙소로 돌아오는 길은 생과 사를 넘나드는 곡예길이었다. 칠흑같이 깜깜하고, 비는 내리고, 가로등 하나 없는 외길이라니…. 남편은 앞 유리로 튀어 나갈 듯 가슴을 운전대에 바짝 붙이고 창밖을 내다봤지만 한 치 앞도 보이지 않았다. 정말이지 살면서 그런 안개를 본 적이 없다.

"여기서 사고 나면 우리 가족은 끝장이야."

"천천히, 더 천천히 가도 돼."

남편과 나는 서로 의지하며 격려했다. 심지어 내비게이션 속 우리 차는 아무 길도 아닌, 바다도 하늘도 땅도 아닌 허공을 가로질러 가고 있었다. 그 순간 아이들은?

아이들은 어느새인가 쿨쿨 잠이 들어버렸다. 부모와 함께 있을 때 아이들은 상황이 어떠하든 안전하다고 느낀다. 만약 지금이라면 "괜찮은 거야? 우리 무사히 갈 수 있어?" "아빠, 길 알아?" 하며 의심이 시작되었을 것이다. 이때가 그나마 그런 안전함을 줄 수 있는, 부모로서의 행복한 시기였음을 지금은 안다. 엄마, 아빠를 온전히 믿고 곯아떨어진 아이들을 안전하게 데려가기 위해 우리는 다시는 겪고 싶지 않은 험난한 안갯길을 초인적인 집중력으로 지나왔다.

다행이다. 그때 살아서 지금 글을 쓰고 있다.

드디어 뉴욕이라니!

미국에 간다고 말했을 때부터 친구는 뉴욕에도 꼭 와야 한다고 수차례 말했었다. 말이 같은 미국이지 올림피아는 서부 끝이었고 뉴욕은 동부 끝이었으니 비행기로도 5시간 거리에 심지어 시차까지 있었다.

두 달의 시간이 거의 끝나갈 무렵, 친구는 다시 한번 말을 꺼냈고 고민 끝에 나와 아이들만 뉴욕에 다녀오기로 했다. 언제 다시 뉴욕으로 여행을 갈 수 있을지 생각해보라는 남편의 말도 있었고 4박 5일 숙박을 책임진다는 친구의 제안은 거부하기엔 너무나 달콤한 유혹이었다.

중학교 1학년 나의 첫 짝꿍이었던 친구. 결혼해 미국으로 건너가 아들 둘을 낳고 지금까지 뉴욕에서 살고 있다. (당시에는 둘째가 태어나기 전이었지만.) 우리를 위해 친구 남편은 휴가까지 내서 운전기사 노릇을 해주었고, 급하게 6인용 식탁까지 손수 만들었다고 했다. 감동이었다. 미술을 전공한 친구 부부는 뉴욕 외곽에 렌트한 집을 집주인의 동의를 얻어 한국식으로 부분 개조를 했다. 덕분에 카펫이 아닌 장판 바닥에서 맨발로 지낼 수 있었고, 전기장판이 깔린 뜨끈뜨끈한 방바닥에서 잠을 잘 수 있었다. 직접 그린 벽화와 손수 만든 싱크대, 책상까지 작지만 알찬 영락없는 한국 집이었다.

어느 도시나 그렇겠지만 뉴욕 역시 주차할 곳이 많지 않고 한다고 해도 주차비가 비쌌다. 그래서인지 노랑 딱정벌레 같은 뉴욕 택시가 거리마다 눈에 띄었다. 곧 무너질 것처럼 금이 간 지하철 역사는 어둡고 깨끗하지도 않아 살짝 무섭기까지 했다. 고양이만 한 쥐들이 돌아다닌다는 친구 말에 나도 모르게 자꾸만 두리번거렸다.

"심심해요."

아이들이 지하철에서 무료해하자 친구는 끝말잇기를 제안했다. 대신 미국이니까 영어 끝말잇기를 하자면서 단어를 던졌다.

"Elephant."

"Tiger."

"그럼 '거'로 시작하는 거예요?" 작은아이가 물었다.

"아니지. Tiger니까 r로 시작해야지."

"아하, 그럼… Rain."

그렇게 끝말잇기를 하며 뉴욕 시내로 이동했다.

영화 〈나 홀로 집에〉에서 케빈이 갔던 센트럴 파크Central Park를 기억하느냐고 아이들에게 물으니 비둘기 아줌마가 있던 곳 아니냐고 했다. 센트럴 파크가 너무 커서 비둘기 아줌마가 어디에 있었는지는 잘 모르겠지만 어쨌거나 그곳은 뉴욕의 공기를 책임진다는 센트럴 파크였다. 가보았던 장소는 아

는 곳이 된다. 단지 그냥 가보기만 했어도 정겹게 느껴지고, 영화에라도 나오면 더욱 몰입해서 보게 된다. 잠깐이나마 '아는 척' 허세 부릴 수 있어서 유명 관광지들을 찾아다니는 건지도 모르겠다.

시애틀이나 터코마도 복잡하긴 했지만 맨해튼은 차원이 달랐다. 어디든 줄도 길고 불친절하고 더럽고 비싸고…. 강남의 높은 집값이 말도 안 된다지만 그곳의 집값은 상상 초월이다. 누구나 〈섹스 앤 더 시티Sex and the city〉에 나오는 사만다처럼 살 수는 없는 거다. 뉴요커라고 부르면 손사래 치는 친구 역시 살아가야 할 곳에 대한 고민이 많아 보였다. 인종이나 비용, 여러 가지를 고려하여 아이 학교를 고민하는 것을 보니 이역만리 외국에서 더 외로워 보였다.

누나들이 와서 너무 좋다고 시종일관 눈웃음을 날리는 귀여운 친구 아들은 아직까지는 한국어를 모국어로 사용하고 있지만 앞으로는 그곳 시민이 될 터였다. 친구는 앞으로 선생님과 상담도 해야 할 테니 영어 수준이 좀 높았으면 한다며 영어 수업을 듣기 시작했다고 했다. 편하게 대화할 정도의 영어만으로는 부족하다는 생각이 들었나 보다. 한국으로 돌아올 여지를 남겨둔 친구와 전혀 그러고 싶지 않은 친구 남편의 현실적인 고민부터 처음 파트타임으로 일을 시작했을 때 언어 때문에 고생했던 이야기, 동양인이라 무시당했던 일 등 여러 에피소드를 들으며 그동안 참 쉽게 "미국 살아서 좋겠다. 오~ 뉴요커!"라고 말한 것 같아 미안했다.

다른 나라에서 다른 삶을 살아간다는 것이 부러울 때도 있고 안타까울 때도 있지만, 더 나은 환경을 위해 끝없이 고민하고 노력한다는 점에서 지구 반대편에 사는 친구지만 많은 공감을 하며 대화를 이어갈 수 있었다. 뉴욕에서의 매일 밤, 몸은 피곤했지만 따뜻하고 뭉클하고 아쉬운 대화들로 마무리되는 밤들이었다.

자유의 여신상이 손에 들고 있는 것은?

자유의 여신상이 있는 리버티섬Liberty I.으로 가기 위해 선착장으로 갔다. 얼굴과 몸에 푸르댕댕한 색을 칠한 몇몇 남자들이 받침대 위에 올라서서 호객을 하고 있었다. 코앞에 진짜 여신상을 두고 굳이 그중 하나와 사진을 찍고 싶지는 않았다. 심지어 예쁘지도 않았다.

사람도 많은데 가방은 물론 외투, 신발까지 벗어 강도 높은 검색을 받느라 꽤 오래 기다려야 했다. 아이들은 이 과정이 이해되지 않을 터였다. 자유의 여신상이 뭘 의미하는지도 몰랐

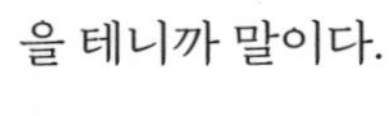

을 테니까 말이다.

"자유의 여신상은 미국의 상징이잖아. 그러니까 보호를 해야겠지? 나쁜 사람들이 폭탄이라도 터뜨리면 안 되니까 이렇게 가방도 검사하고 옷도 보고 그러는 거야."

맨해튼 거리를 지나며 아이들에게 9.11 테러로 사라져버린 쌍둥이 빌딩 이야기를 해주었다. 그림책 《쌍둥이 빌딩 사이를 걸어간 남자》에서 알게 된 쌍둥이 빌딩이었다.

"저기가 110층짜리 건물 두 채가 있었던 자리래. 예전에 테러범들이 탄 비행기가 그 건물을 들이받았어. 상상이 안 되지? 그때 정말 많은 사람이 죽고, 많이 다치고…"

뉴욕 어느 곳에서도 보였을 것이다. 서울 어디서나 늘 보이던 남산 타워가 어느 날 화염에 휩싸인다고 상상해보니 미국 사람들의 마음이 십분 이해가 되었다. 테러 이후에는 그 자리를 추모 공원으로 만들었다고 한다.

도시 쪽에서 자유의 여신상을 봤을 때는 그렇게 크다는 생각이 들지 않았는데 배가 다가갈수록 점점 어마어마해지는 크기. 섬에 내려서 보면 압도당하는 기분이다. 당시 막 7살이 된 작은 딸에게 물어보았다.

"저 여신상 손에 있는 게 뭐 같아?"

아이는 여신상을 자세히 관찰하더니 자못 심각하게 대답했다.

"아이스크림하고… 신문!"

아는 만큼 보인다고, 아이다운 대답에 혼자 빵 터졌다. 네가 그렇게 대답했었다고 말하면 아이는 피식 웃는다. 큰아이에 비해 유독 어록(?)을 많이 남겼던 아이다. 심청이가 빠진 곳은 '신당수'고, 화장실에 갔는데 똥이 세 '마리'가 나왔다고 했던 아이는 그곳에서도 소소하게 어록 하나를 추가했다.

막상 섬 안으로 들어가니 할 게 없었다. 여신상 안으로 들어가고 싶었지만 배를 타기 전부터 벌써 진이 다 빠졌던 건지, 그저 체험하고 노는 게 좋을 나이라 그랬던 건지 아이들이 귀찮아했다. 하… 아이들은 '의미'가 있는 것에는 도통 관심이 없다. 내가 아무리 이것은 프랑스에서 미국에 선물로 준 것이고, 너무 커서 머리, 몸통, 팔, 다리가 따로따로 와서 합체한 거라고 열심히 설명을 해줘도 그건 나만의 공부였다. 아이들은 아이스크림과 신문을 손에 들고 있는 저 시퍼러둥둥한 거인 아줌마가 수없이 많은 영화에 등장하는 걸 보고서야 어딜 다녀왔는지 알게 되었지만 당시에는 공룡 동상만도 못한 것이 아니었을까?

여행 중에 아이에게 뭘 가르치겠다는 생각은 버리는 게 좋다. 대화로 이어지지 않으면 그건 잔소리일 뿐. 여행은 같은 기억을 공유하는 것만으로 충분하다.

나비 효과

브로드웨이까지 와서 뮤지컬도 안 보면 어떡하냐고 친구가 말했다. 비싼 만큼의 값어치가 있을까? 아이들이 어린데 제대로 보기는 할까? 선뜻 내키지 않았다. 그러나 친구 덕분에 뉴욕에서의 숙박비가 해결되었고, DVD로 여러 번 보았던 〈라이온 킹 The Lion King〉이라면 아이들이 봐도 괜찮을 것 같았다.

브로드웨이, 이름만 들어도 근사하지 않은가. 거리에선 음악이 흘러나오고 멋스럽게 차려입은 사람들이 리드미컬하게 걸어 다닐 것만 같은 꿈의 거리. 그러나 현실은 노랑 택시들과 무수히 많은 사람들, 번쩍이는 네온사인 간판들로 낭만보다는 복잡함에 가까웠고 길조차 찾기가 쉽지 않았다.

등장인물이 나오고 배경이 바뀔 때마다 나는 떡 벌어지는 입을 다물 수가 없었다. 어떻게 저런 기발한 무대장치를 만들 수 있지? 어떻게 저런 의상을 생각해 냈을까? 어떻게 저런 동선을 짤 수 있지? 감탄이 끝나기도 전에 새로운 감동이 치고 올라왔다. 이 엄청난 무대와 음악에 비하면 내가 지불한 티켓값은 하나도 비싼 게 아니었다. 아이들 역시 어안이 벙벙한 표정이었다. 어린이 뮤지컬 말고 이렇게 큰 규모의 뮤지컬은 처음이었으니까 말이다. 돌이켜보면 아이들에게도 인생에 큰 전환점이 된 날이다. 엄마인 내가 변한 날이기 때문이다.

여행을 통해 다양한 경험과 넓은 생각을 갖게 된다. 그래서 아이 혼자 해외연수나 캠프에 보내는 경우도 많이 보았다. 가족 전체가 가려면 비용이 부담된다는 이유에서였다. 그러나 〈라이온 킹〉 뮤지컬을 보고 나니 아이 혼자 보내는 것보다 오히려 몇 번 못 가더라도 함께하는 가족 여행이 더 낫지 않을까라는 생각이 들었다. 엄마가 보고, 겪고, 생각하고, 바뀌어야 세상과 아이를 보는 관점이 달라지고 결국 육아의 방향이 달라지기 때문이다.

아마 내가 그날 거기서 뮤지컬을 보지 않았다면 아이들의 오늘은 없었을지도 모르겠다. 뮤지컬과 콘서트를 그렇게 많이 보여주지 않았을 것이기 때문이다. 왜 쓸데없는 데 돈을 쓰냐고, 시간을 낭비하냐고, 그럴 정신이 어디 있냐고 했을 것이다. 그러나 나의 변화로 인해 아이들은 음악과 예술을 사랑하게 되었고, 꿈을 꾸게 되었고, 그로 인해 삶의 많은 과정에서 행복했다. 내가 미국 여행을 어렵게 결심하지 않았다면 이후의 여행을 계획하기도 어려웠을 테고, 그랬다면 그 비용은 사교육에 들어갔을 수도, 집을 넓히는 데 썼을 수도, 나의 명품 가방이 되었을 수도 (그럴 가능성은 무척 적지만) 있다. 멀리 가보니, 큰 세상에 가보니, 다른 경험을 해보니 내가 변했다. 경험은 고스란히 나의 양육 가치관과 태도에 영향을 주었다.

두 아이 모두 공연 문화를 사랑한다. 생활의 많은 부분에서 독립을 이끌어준 것도 공연 문화였다. 혼자 고속버스를 타고, 혼자 밥을 사 먹고, 택배 보내는 법과 은행 이용하는 법 등을 자발적으로 익혔다. 공연을 보기 위해서, 여러 팬층과 어울리기 위해서 해낸 것들이다. 관련 자료나 문학 작품, 배우의 다른 공연 등을 찾아보면서 배경지식을 넓혀갔고 다양한 장르의 음악에도 관심을 보였다. 조금 더 크니 바람직한 공연 문화에 대해 나름의 생각도 정리하고 한때는 그쪽 계통의 진로를 꿈꾸기도 하면서 여러모로 많이 성장했다. 나는 그게 진짜 공부라고 생각한다.

이 모든 것이 브로드웨이에서 본 〈라이온 킹〉이 일으킨 나비 효과다. 그래서 지금 하는 우리의 결정, 경험, 생각들은 작지만 귀하다. 많은 것의 시작, 거대한 변화의 작은 날갯짓이니까.

아이들을 위한? No! 어른들을 위한

미국 최대 장난감 매장 파오슈와츠F.A.O Schwarz 입구에서 장난감 병정 옷을 입은 직원이 반갑게 인사를 한다. 출입문으로 들어서면 자연사 박물관으로 착각할 만큼 거대한 동물 인형들이 있다. 사는 사람이 정말 있는지는 모르겠지만.

아이들은 영화 〈나 홀로 집에〉에 나온 곳으로 알고 있지만 나 개인적으로는 톰 행크스의 영화 〈빅Big〉의 배경지여서 더 흥미로웠다. 특히 톰 행크스가 장난스럽게 뛰어다니며 연주했던 피아노 건반이 아직도 있다고 해 더욱 반가웠다. 바닥에 깔린 건반 위로 두 명의 직원이 뛰어다니며 연주를 했다. 다리를 쫙 벌리거나 멀리 뛰기 하듯 건반을 넘어갈 때는 웃음이 나기도 했다. 영화 〈빅〉에서 주인공은 소원대로 갑자기 어른이 되었고, 순진하고 순수한 어린아이의 시선으로 장난감을 만들어 대박을 친다. 결국 엄마가 보고 싶고 친구와 놀고 싶어 다시 어린이로 돌아가지만 말이다. 땅에 끌리는 어른 옷을 입고 엄마가 있는 집으로 돌아가던 마지막 장면은 오랫동안 기억에 남았다. 그리고 얼마전 아이들과 함께 〈빅〉을 보면서 다시 한번 추억으로 돌아갈 수 있었다.

마음을 뒤흔드는 멋진 장난감들의 가격표를 볼 때마다 심장이 오그라들었다. 나중에는 얼마인지 아예 보지도 않았다. 딸들은 특히 아기 인형들 앞에서 발길을 떼지 못했는데, 실제 갓난아기 크기에 인종도 다양하고 머리카락, 눈동자 색도 모두 달라 얼핏 보면 진짜 사람처럼 보였다. 마치 신생아실 같았다. 갖고 싶은 마음을 모르는 바는 아니지만 아이들도 '참 예쁘구나. 가지고 싶지? 그렇지만 거기까지~'라고 말하는 내 눈빛을 이미 읽고 있었다.

이어서 근처의 M&M 본사로 향했다. 우리가 종종 사 먹던

동글뱅이 초콜릿 회사인데 초콜릿과 캐릭터로 인간이 상상할 수 있는 모든 짓을 다 해 놓은 것 같았다. 다양한 굿즈들과 귀엽고 웃긴 동상들로 가득 차 있었다. 여기서마저 아무것도 안 사주면 아무리 순한 아이들이라 할지라도 입이 튀어나올 것이 분명했다. 그래서 얼른 맘에 드는 초콜릿부터 손에 쥐여주고 형형색색 원색 가득한 M&M 인형들과 사진을 찍었다.

그러고 보니 주위는 온통 어른들 천지였다. 신나는 표정으로 이것저것 만져보고 사진을 찍고 해맑게 웃는 사람들 모두 어른이었다. 그곳에 가지고 싶었지만 그러지 못했던 어린 시절 장난감들이 있었을 것이다. 이제는 누가 사 주지 않아도 스스로 살 수 있는 능력이 생겨서 그런 걸까. 어른들에게도 장난감 가게는 필요한 곳인가 보다.

돌아와 잠자리에 누우니 자꾸만 떠올랐다. 창피함을 무릅쓰고 잠깐이라도 바닥 피아노 위에서 뛰어볼 걸, 도에서 도까지 점프해볼 걸. 깨달음은 언제나 지나간 후에 찾아온다. 다시 오지 않을 기회라면 일단 해야 했던 것을….

초2, 7세 겨울방학

*

더운 겨울로의 태국

방콕, 파타야

6박 7일

가자마자 액땜

연말연시를 맞아 당시 오빠네가 주재원으로 가 있던 태국으로 향했다. 미국에 다녀온 지 1년밖에 되지 않아 망설였는데 부모님이 같이 가길 간절히 원하셨고 오랫동안 보지 못한 조카들도 보고 싶었다. 게다가 오빠네가 여행사 패키지 포함 모든 일정을 다 짠다고 하니 그야말로 몸만 가면 되는 상황이었다. 여행사 패키지는 3박 4일 일정이었지만 일정이 끝나도 우리는 오빠네로 가서 더 있다가 돌아오기로 했다.

아이들은 다시 비행기를 탄다는 사실에 흥분했고 사촌들과 만날 생각에 미리부터 들떴다. 깊숙이 넣어두었던 여름옷을 꺼냈더니 아이들이 왜 겨울에 여름옷을 가져가냐고 물었다.

"거긴 지금도 여름이야. 에어컨도 틀고 있을걸."

"그럼, 여름에는?"

"여름에는 더 덥지. 밖에 돌아다니려면 지금이 제일 좋을 때래."

정말 그랬다. 방콕 공항에 내리니 한동안 잊고 있었던 따뜻한 기운이 우리를 맞았고, 인천 공항에서 가방 하나에 꾹꾹 눌러 담았던 모두의 패딩 점퍼는 돌아갈 때까지 절대 꺼낼 일이 없었다.

공항에 내려 아이들 챙기랴 짐 찾으랴 정신 없는 와중에 엄마가 입국신고서를 써야 한다며 주저하고 있었다. 그때 태국 여자 두 명이 다가오더니 자신들이 도와주겠다고 했다. 잘됐다 싶어 엄마에게 팁을 좀 주고 부탁하라고 말했다.

"얼마를 주면 되지?"

"오천 원? 만 원?"

엄마는 지갑을 열어 팁을 건넸다. 태국 돈은 익숙하지도 않고 단위 자체가 너무 달라 빠른 계산이 어렵다. 올케언니가

'1밧에 40원', 또는 '1,000원에 25밧'이라고 미리 알려주었지만 그 계산도 쉬운 건 아니었다. 여자들은 엄마에게 팁을 받자마자 황급히 눈짓을 주고받더니 땡큐를 연발하고는 후다닥 뛰어가 버렸다. 싸한 느낌이 들었다.

"엄마, 저 사람들한테 팁 얼마 줬어요?"

"이렇게 줬는데?"

오, 마이 갓! 엄마가 보여준 돈은 2,500밧, 그러니까 10만 원 정도를 준 셈이었다. 엄마는 얼굴이 하얘졌고 어쩌냐며 발을 동동 굴렀다. 그들은 이미 사라져 버렸고 찾는다 한들 어쩌겠는가. 그렇다고 귀한 여행을 원망과 자책으로 시작할 수는 없었다.

"그 사람들 오늘 완전 횡재했네. 엄마를 아주 부잣집 사모님으로 알았겠어. 자꾸 생각하면 속만 상하고 여행 망치니까 좋은 일 했다 생각하고 그냥 잊어요. 가방을 통째로 잃어버리기도 하고 그런다는데 이건 실수니까…."

아무리 위로를 해도 소용없었다. 엄마는 나쁜 사람들이라고, 실수인 거 뻔히 알면서도 냉큼 받아 들고 간 거라고 내내 속상한 마음을 풀지 못했다. 이걸 어쩌나 시작부터 망했네, 했던 나의 염려는 의외로 간단히 해결되었다.

저만치에서 "할머니~" 하고 부르는 손자들 소리에 "어머~ 우리 손주들!" 하고 달려가는 엄마의 뒷모습에서 팁 10만 원의 아쉬움은 벌써 날아가고 없었다. 무탈하게 여행을 마쳤고 후한 팁을 받은 그들도 행복했을 테니 결과적으로 잘 된 거다. 액땜치고 이 정도면 괜찮은 거 아닌가?

패키지여행의 아쉬움

태국에 살고 있던 올케언니와 조카들은 여행사와 조율하여 현지에서 합류했다. 여행사는 오케이 했지만 가이드는 아무래도 불편했던 모양이다. 그는 첫날 숙소에서 다른 팀들을 방으로 올려 보낸 뒤 우리 가족이 현지에 살고 있다는 걸 다른 팀들이 모르게 해달라고 부탁했다. 왜 그런가 했는데 중간중간 들르는 쇼핑 장소에서 그 이유를 자연스럽게 알 수 있었다.

"나중에 싸게 파는 곳에 갈 거니까 여기서 사지 말아요."

터무니없는 가격들에 놀란 언니가 옷깃을 잡아끌었다. 그러나 엄마는 내내 부지런을 떨며 살피고, 설명해주고, 특히 아이들을 잘 챙겨주는 가이드가 고맙다면서 결국 라텍스 제품을 사고야 말았다.

"빼빼 말라서는 현지인처럼 까맣게 탔잖아. 남의 나라에서 너무너무 힘들게 일하는데 이런 거라도 팔아 줘야지. 여기서 좀 나눠 먹는 거라며… 그래도 나는 비싼 보석은 안 샀잖니. 저기 저 모녀는 아까 보니까 보석을 몇 세트를 사더라. 아휴, 내가 다 말리고 싶었다니까."

어쨌든 입을 꾹 다문 대가로 우리는 기념품을 사라는 강요는 받지 않아도 되었다. 은근한 기념품 강매는 패키지여행의 단점 중 하나지만 월급이 적은 가이드들에게는 생계와 직결된 문제일지도 모른다. 다만 쇼핑 시간이 아깝다는 생각은 지울 수가 없었다. 나도 나였지만 아이들은 보석도, 라텍스도, 호랑이 기름에도 관심이 없었으니까 말이다.

가라는 대로 가고, 하라는 대로 하고, 먹으라는 거 먹으니 편하긴 했다. 어떤 길로 얼마나 가야 하는지 찾을 필요 없이 버스에 올라타기만 하면 끝. 무엇을 구경할지 선택할 필요도 없었다. 덕분에 멀미가 심한 나는 버스만 타면 잠이 들었고, 아이들은 버스만 타면 떠들었다. 오고 가는 모든 길도 여행지인데 패키지여행은 목적지만이 여행지인 것 같은 착각을 불러일으켰다. 그래서인지 태국의 거리가 별로 기억나지 않는다. 여행에서 가장 기억에 남는 장소는 '걸어 다닌 거리'라는 걸 나중에서야 알게 되었다.

거리 곳곳에 태국 국왕 사진이 걸려 있었던 건 인상적이었다. 어찌나 많은지 왕이 바뀌면 간판 가게 사장님들이 춤을 추겠다 싶을 정도였다. 형형색색의 뚝뚝이(2인이 탈 수 있는 오토바이 개조 택시)와 썽태우(트럭을 개조해 만든 버스)를 보는 재미도 있었다. 진하고 찬란한 원색은 나라 전체를 유치원으로 보이게 할 정도였다. 태국의 이색 교통수단들을 탈 기회가 없어서 조금은 아쉬웠다.

방콕과 파타야를 오가며 보니 판자촌 같은 건물들이 있는가 하면 바로 맞은 편에 호화로운 고층 건물들이 솟아 있기도 했다. 뭔가 조화롭지 않았다. 그곳 사람들은 기본적으로 경쟁도 없고 높이 올라가고자 하는 의지도 없어서 그렇다는 말을 들었다. 태어난 대로 그냥 사는 거지 불평하거나 인생 역전하겠다는 생각은 하지 않는다고. 로또 한 장에 희망을 거는 우리와 그들 중 누가 더 행복한 건지 잘 모르겠다.

태국 여행은 자유여행을 했던 다른 여행지에 비해 기억의 양이 부족하다. 여행 경험이 적거나 언어 장벽이 심하다면 안전하게 패키지여행을 하는 것이 도움이 되겠으나 여행의 본질을 생각한다면 아무래도 자유여행이 낫다. 추억 면에서도, 금전적인 면에서도 훨씬 이득이다. 학원에만 의존하고 자기 주도적으로 공부하지 않는 학생이 된 것 같아 태국 여행은 여러모로 아쉬움이 남는다.

언니만 따라와

앞서 걷는 아버지는 자꾸만 사람들 사이로 사라지고 챙겨야 할 아이들이 여럿이니 신경이 쓰였다. 그야말로 인산인해였다. 왕궁은 현지 가이드만 안내할 수 있다는 규정이 있어 우리는 왕궁 앞에서 태국인 가이드에게 인계되었다. 보조개가 유난히 예쁜 이 아가씨는 우리 아이들이 길을 잃을까 "언니만 따라와"라는 말을 자주 했다. 걷다가 뒤돌아보고 또 돌아보고, "언니 잘 따라와" 하며 수시로 아이들을 챙겼다.

왕궁은 온통 금빛이었다. 사방이 번쩍번쩍 황금빛이었고

우리나라 궁과는 다르게 처마 끝이 모두 뾰족하게 하늘로 치솟아 있었다.

"저기 찔리면 죽겠는 걸!"

농담이 절로 나왔다.

대웅전 안은 맨살을 드러낸 채 들어갈 수 없다고 했다. 아이들이 모두 민소매에 무릎이 드러나는 원피스를 입고 있었기 때문에 우리는 들어갈 수 없었다. 긴치마를 빌려 입을 수 있었지만 사람이 너무 많으니 그런 의욕마저 생기질 않았다. 관광객이 많은 여행지는 그곳이 어디였든 결국엔 사람이 많았다는 것만 기억에 남는다. 사람이 많은 걸 보니 유명하고 갈 만한 곳이었던가 보다 인정하며 만족하는 건지도.

가이드는 자상하고 나긋나긋한 목소리로 구석구석 설명을 해주었다. 억양은 다소 어색해도 우리말 단어 선택이나 표현 방식이 예사롭지 않았다. 수상 가옥과 수상 시장을 보여줄 때도 배 밖을 가리키며 "물 반, 물고기 반이에요"라길래 대체 그런 말은 어디서 배웠을까 싶어 웃음이 나왔다. 그녀는 한국어를 배운 지 2년 반 정도 되었고, 한국은 꼭 가고 싶은 나라라며 들뜬 목소리로 말했다. 가보지도 않은 나라의 언어를 단기간에 그 정도로 해낸 걸 보니 평소에 얼마나 많은 노력을 하는 사람인지 짐작할 수 있었다.

왕궁 투어가 끝나고 우리는 보조개가 예쁜 가이드에게 인사를 하고 다시 차량에 올랐다. 그리고 다음 목적지로 향하면서 그 가이드가 남자였다는 사실을 알게 되었다. 태국은 워낙 동성애자나 트랜스젠더가 많아서 별로 놀라운 일도 아니고, 이상하게 볼 일도 아니라고 했다. 성전환 수술을 했는지 안 했는지 구분하기도 어렵고 구분하는 것도 의미가 없다고. 그러고 보니 목소리가 걸걸하기도 했고, 목젖이 튀어나오고 손이 참 컸던 것도 같다. 모르고 보면 몰랐을 일이다.

이전에는 성전환자를 직접 본 적이 없었다. 그들에 대해 깊이 생각한 적도 없었으며 막연히 나와는 다른 사람일 거라는 편견이 있었다. 그런데 성전환자를 직접 보고, 이야기를 나누고, 좋은 사람인 걸 알고 나니 조금 혼란스러웠다.

"그 언니가 남자라고? 진짜? 어떻게 그럴 수가 있지?"

아이들 역시 놀라움을 금치 못했다.

"그러면 엄마, 언니라고 불러야 해, 오빠라고 불러야 해?"

"글쎄, 그 언니가 언니만 따라오라고 했잖아. 그러니까 언니라고 해야겠지?"

덧붙여 아이들에게 그 언니가 한국말을 얼마나 잘했는지를 상기시키며 그녀가 정말 많은 노력을 했고 한국에도 꼭 와보고 싶어 한다는 말도 들려주었다.

"그 언니가 꼭 한국에 왔으면 좋겠어, 엄마"라고 말하는 아이를 보며 내 아이들이 앞으로도 사람을 판단할 때 겉이 아니라 내면과 노력을 보았으면 좋겠다는 생각을 했다. 장애인이나 난민, 성소수자나 외국인 등이 존재 자체만으로 부정당하는 경우를 보면 마음이 편치 않다. 직접 만나거나 친구가 되면 그가 이름과 사연과 눈빛을 가진 한 명의 고유한 사람으로 보인다. 나의 갇힌 생각을 깨뜨려준 좋은 만남이었다.

이후에 간 알카자쇼Alcazar Show는 그래서 더욱 즐겁게 즐길 수 있었다. 아이들은 그들이 생물학적으로는 남자라는 것을 알았지만 나만큼 놀라거나 신기해하지 않았고 그동안 편견에 갇혀 있던 건 나뿐임을 알았다.

솔직히 말해 춤과 퍼포먼스는 그저 그랬다. 여러 나라의 음악에 맞춰 춤을 보여주는데, 한복과

부채춤이 나와서 반갑기는 했지만 흉내만 내는 정도라 아쉬운 감이 없지 않았다. 공연이 끝나고 밖으로 나오니 무희들이 사진을 찍기 위해 일렬로 줄을 서서 관객들을 기다리고 있었다.

"너희도 같이 사진 한 장 찍을래?" 했더니 고개를 젓는다.

"너무 예쁘고 키도 엄청 크잖아~"

그렇구나. 그 옆에 서면 누구라도 오징어가 될 수밖에 없겠구나. 나 역시 사진을 찍겠느냐는 언니의 물음에 강하게 도리도리를 하고 말았다.

태국에서 만난 동물들

스리라차 타이거 동물원Sriracha Tiger Zoo은 이름 그대로 다른 동물원에 비해 호랑이가 많다. 심지어 호랑이에게 우유를 먹이는 체험도 할 수 있는데 아무리 체험용이라지만 인형 놀이 수준의 작은 젖병은 너무 했다. 아기 호랑이가 순식간에 분유를 흡입해버리니 아이들도 아기 호랑이도 참 감질나는 상황이었을 것이다. 종의 구분 없이 모든 아기는 귀엽고 사랑스럽다. 잠시 맹수라는 사실도 잊고 너무나 빨리 끝나버린 수유 시간이 아쉬울 뿐이었다.

아니 근데, 호랑이 우리에 웬 돼지가? 호랑이와 아기 돼지가 함께 있는 것도 이상했지만 (배가 부르면 먹잇감이 바로 앞에 있어도 잡아먹지 않는다고 어디선가 본 것 같긴 하다.) 더욱 기이했던 건 옆으로 누워있는 거대한 어미 돼지였다. 아기 호랑이와 아기 돼지들이 젖을 먹을 수 있게 어미 돼지를 강제로 눕혀 두었던 것이다. 돼지가 호랑이 젖을 먹고, 호랑이가 돼지 젖을 먹는 것이 독특한 구경거리긴 해도 누워서 꼼짝 못 하는 돼지를 보니 마음이 불편했다.

호랑이만 많은 게 아니었다. 악어도 득실득실했다. 물이 보여 다리 아래로 고개를 쭉 빼고 내려다보니 악어 위에 악어, 악어 아래 악어, 악어 옆에 악어… 그렇게 많은 악어가 뒤엉켜 있는 모습은 상상도 해본 적이 없었다. 소름이 우드드 돋았다.

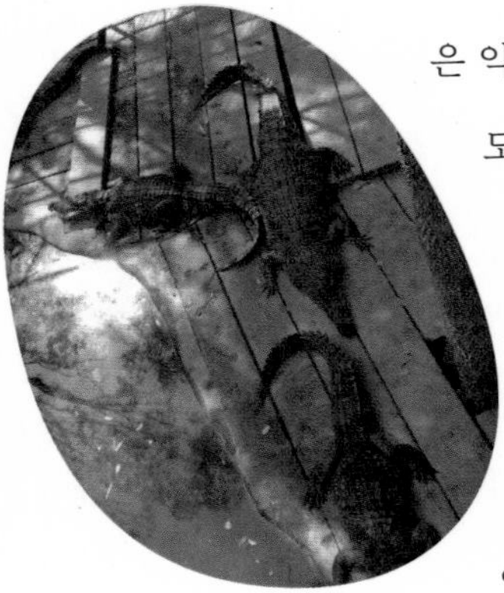

"고모, 악어 고기 먹어봤어요? 맛있는데."

조카의 말에 또 한 번 소름이 우드드. 처음에는 "악어 고기?

으웩~" 하던 딸들도 꼬치구이 맛을 한 번 보더니 더 먹겠다고 조르는 것이 아닌가. 하나씩 더 사주긴 했지만 먹어보라며 눈앞에 쑥 내미는 악어 고기를 나는 점잖게 사양했다.

동물원에서만 동물을 본 건 아니다. 덜커덩덜커덩 코끼리 위에 앉아 흙길을 걷는 체험도 관광코스에 들어있었다. 조련사가 있긴 했지만 혹시나 코끼리가 돌발행동을 하는 건 아닐까 겁도 났고, 안전장치가 충분하지 않은 것도 신경이 쓰였다. 코끼리가 걸을 때마다 생각보다 꿀렁거려 많이 웃기도 했다. 한 바퀴 돌고 코끼리 등에서 내려오니 굵고 튼튼한 코끼리 털을 하나씩 나눠 주었다. 아이들은 검은 털을 신기한 듯 요리조리 쳐다보더니 몇 초도 되지 않아 흥미를 잃고 내 손에 떨어뜨렸다.

"이걸로 뭐해?"

"뭐 하라고 준 건 아니고 그냥 기념하라고 준 거 같은데?"

"이거 줄려고 코끼리 털을 뽑았어?"

아, 그렇게 생각할 수도 있구나. 위에 올라탄 것도 미안한데 관광객을 위해서 일부러 털을 뽑았다면 그건 정말 코끼리에게 미안한 일이었다.

"아마 저절로 빠진 걸 주워서 줬을 거야. 우리도 머리카락이 막 빠지잖아."

아이들에게 말했지만 알 수 없는 노릇이다.

코끼리가 더욱 불쌍했던 건 코끼리 쇼에서였다. 서고, 뛰고, 구르고, 자전거를 타고, 심지어 코로 휘감은 붓에 물감을 묻혀 스케치북에 소나무를 그리는 코끼리. 관람객을 눕혀 놓고 밟을까 말까 밟을까 말까 할 때는 악어 입에 머리를 넣는 조련사를 볼 때처럼 아슬아슬했다.

인간이 환호하고 손뼉 치며 무대를 보는 동안 무대 뒤에는 다른 진실이 있었을 것이다. 복종할 수밖에 없는 훈련 과정이 있었을 테니까 말이다. 시애틀과 터코마에 있는 동물원을 보지 않았더라면 그냥 즐겼을지도 모르겠다. 자연 친화적인, 동물이 우선인 동물원을 보면서 많이 감탄했고 그러지 못한 우리나라 동물원을 안타까워했던 기억이 떠올랐다. 아이들도 나도 코끼리가 불쌍하다는 생각을 지울 수 없었다.

한편, 태국에 있는 동안 한 번쯤은 보겠지 내내 기대했던 동물은 '찡쪽'이라는 미니 도마뱀이다. 아무 곳에서나 툭툭 튀어나온다던데, 벽에 무심히 붙어있어서 깜짝 놀랄 수도 있다고

했는데, 그래서 항상 긴장하고 있었는데 결국 돌아오는 날까지 한 마리도 보지 못했다. 원래 기다리면 못 보는 것인가. 미리 놀랄 준비를 하는 인간은 찡쪽에게도 매력이 없었으려나?

씨워크와 패러세일링

아이들이 9살, 7살이라 어린 감이 있었지만 패키지여행이라 뭐라도 하지 않으면 구경만 해야 할 판이었다. 그래서 선택한 것이 씨워크와 패러세일링이었다.

씨워크는 투명 헬멧을 쓰고 바다 밑으로 내려가 걸어 다니는 체험이었다. 커다란 헬멧을 쓴 모습을 보면 영락없는 우주인이다. 산호와 물고기들을 볼 수 있다고 했더니 아이들은 호기심에 신이 났다. 물에 들어가기 전 직원이 주의사항을 알려주었다. 기압 때문에 귀가 아플 수 있는데 그렇게 되면 입을 꼭 다물고 바람을 불어 볼을 빵빵하게 하라고 했다.

"귀가 아프거나 그만하고 싶으면 꼭 가르쳐준 대로 아저씨한테 신호를 보내야 해. 알겠지?"

4학년 조카와 2학년 큰딸에게 동생들을 잘 지켜보라고 특별히 주의를 주었지만 바다에서 눈을 뗄 수가 없었다. 아니나 다를까 내려간 지 얼마 되지 않아 작은딸이 울면서 올라왔다. 귀가 너무 아프다며 흐느끼는데 울음에 공포가 배어 있어 꽉 안아주었다. '이게 얼마짜리인데'라는 생각도 들었지만 다시 들어가라고 할 수는 없는 노릇이었다. 아이를 수건으로 감싸 안고 달래고 있으려니 곧이어 작은아이와 동갑인 조카도 귀가 아프다며 올라왔다. 역시 어린아이들에게는 무리였나 보다.

사람들은 내가 뭐든 따지고 들 성격 같다고 하지만 정작 이런 상황에서 나는 똑순이가 되지 못한다. 어찌 되었거나 장비 차리고 들어갔다가 못하고 나온 건 우리 애들이었으니 '너무 아깝다. 돈만 버렸네'라고 생각만 할 뿐 사정을 해볼 생각조차 하지 못했다. 그때 올케언니가 가이드에게 가서 이러저러하여 하나도 하지 못했으니 비용을 빼줄 수 있는지 물었다. 엄마도 옆에서 "1분도 안 돼서 나왔다니까요. 아기들인데 귀가 아파서 못 한 걸 어떡해요"라며 협공했다. 모녀 간도 아닌데 엄마와 올케언니는 안 되는 걸 되게 하는 신기한 재주가 똑 닮았다. 그리고 함께할 때는 그 능력이 배가되곤 한다. 결국 아이들의 체험 비용을 돌려받는 걸 보고 놀라움을 금치 못했다.

큰아이도 처음에는 귀가 아팠지만 가르쳐준 대로 빵빵하게 볼에 바람을 불어 위기를 넘겼다고 한다. 물고기에게 밥도 주고 바닷속을 유유히 걸어 다니다 우주인이 등장하듯 물 밖으로 나왔다. 작은아이는 타월에 꽁꽁 싸인 채 부러움과 아쉬움이 섞인 시선으로 바라보았지만 포기하고 올라온 걸 후회하는 눈치는 아니었다.

다음으로 간 곳은 모터보트로 낙하산을 끌어올려 하늘을 날게 해주는 패러세일링 체험장이었다. 나는 번지점프나 스카이다이빙, 패러글라이딩 같은 액티비티를 좋아하지 않는다. 사고가 나면 타격이 너무 큰 것들이라 위험을 감수하면서까지 즐기고 싶지는 않은 탓이다. 아마도 중환자실에서 일했던 경험 때문인지도 모르겠다. 어떤 치료를 받는지 안다는 건 그런 점에서 불리하다. 그런데 패러세일링은 사고가 난다 해도 바다에 떨어질 것이고, 구명조끼를 입고 있으니 크게 두려워할 일은 아닌 듯싶어 과감히 도전했다.

모터보트만 타도 신이 나는데 그 보트가 전속력으로 낙하산을 끌어당기니 공중에서 느끼는 속도와 바람과 쾌감은 말로 형용하기가 어려울 정도다. 만약 아이들처럼 직원과 함께 탔다면 입을 꾹 다물어야 했겠지만 다행히 나는 혼자였다. 추진 로켓을 단 것처럼 하늘을 날자 "대~애~박! 완전 좋아! 꺄~!" 절로 비명과 괴성, 환호가 터져 나왔다. 라이트 형제가 왜 날고 싶어 했는지, 무수히 많은 실패에도 왜 계속 도전했는지 곰곰이 생각할 필요조차 없었다. 처음에는 호기심이었겠지만 하늘 맛을 조금이라도 보았다면 그다음은 정말이지 포기하기 어려웠으리라.

우리가 바다 위를 날고 있는 동안 언니가 동영상을 찍었는데, 나중에 다 같이 영상을 확인하면서 배꼽을 잡고 뒹굴었다.

"꺄악 꺄악~ 엄마야! 어떡해! 아~악! 무서워!"

누가 들으면 하늘에 올라간 사람이 내가 아니라 올케언니인 줄 알았을 거다. 돌고래 비명이 너무 웃겨 영상을 보고 또 보며 계속 놀렸다. 어쩌면 아래에서 보는 게 더 무서웠을 수도 있다. 상상은 불필요한 감각까지 구석구석 자극하는 법이니까.

솔직히 말하자면 그때의 흥분과 감각이 생생히 기억나지는 않는다. 출산의 고통도 죽음과 같았다는 기억만 있을 뿐 감각은 떠올리지 못하는 것처럼. 다만 경험은 세포 속에 저장되어 있다가 비슷한 상황이 닥치면 저절로 반응이 나타나기도 한다. 그런 의미에서 경험은 아이들에게 좋은 교육이 될 것이다. 책상 앞에 앉아 패러세일링 사진을 보면서 원리를 공부하고 속도를 계산한다고 해서 가슴 터지는 자유로움과 심장의 쫄깃함을 알 수는 없을 테니까 말이다.

다 같은 수상 가옥이 아니라고

시애틀에서 수상 가옥을 본 적이 있었다. 요트가 하나씩 정박되어 있는 집들을 보면서 아이들은 어쩌면 수상 가옥은 부자들의 집이라고 생각했을지도 모른다. 왕궁 가이드가 이제 수상 시장과 수상 가옥을 보게 될 거라고 이야기했을 때 요트가 있는 집을 떠올렸을 수도….

그러나 방콕의 수상 가옥은 땅 위에 집을 짓고 살 형편이 되지 않는 사람들의 주거지였고, 그들은 집 또는 배에서 과일이며 간식 등을 팔며 생계를 이어가고 있었다. 다리를 이쪽저쪽으로 옮겨 다니며 먹거리들을 구경하다가 시커멓고 커다란 튀김을 보고 화들짝 놀라기도 했다. 눈을 의심했지만 다시 봐도 매미였다.

"어릴 때 외갓집에 가면 메뚜기를 잡아서 볶아 먹는 사람이 있긴 했는데, 매미를 튀긴다는 건 상상도 못 했어. 으으으~ 진짜 살아있는 매미 같다. 먹어볼래? 사 줄까?"

아이들은 눈을 똥그랗게 뜨고 얼굴을 찌푸렸다. 악어 고기는 먹는 애들이 매미는 싫은가 보다. 악어 고기는 악어의 형태가 보이지 않지만 매미는 매미 형태 그대로여서 그랬을까? 구미가 당기는 음식은 아니지만 극한 상황에 닥치면 매미도 먹을 수 있다는 걸 기억해야겠다.

기념이 될 만한 걸 하나쯤은 사 주고 싶어 여기저기 둘러보는데 원피스가 눈에 들어왔다. 태국은 일 년 내내 덥다 보니 보이는 건 죄다 여름옷들 뿐이었고 옷감 한 장이면 충분히 만들 수 있는 옷은 5천 원 정도면 살 수 있었다.

"예쁜 걸로 골라 봐. 하나씩 사 줄게."

집에서는 별로 입지 않는 색감들이어서 그랬는지 고민이 되는 모양이었다. 아이들은 고민 끝에 빨간 꽃이 포인트로 달

린 노란빛 민소매 원피스를 골랐다. 한국에서 가져간 여름옷도 더울 판이어서 잘 골랐다 싶었다. 그런데 혹시나 싶어 세탁기에 넣기 전 손빨래를 해보았더니 역시나 노랑물이 죽죽 빠져나오는 게 아닌가. 아무리 저렴해도, 아무리 예뻐도 세탁기에 돌릴 수 없는 옷은 하나도 고맙지 않다. 이런 엄마 마음도 모르고 아이들은 그해 여름에 종종 그 원피스를 꺼내 입었다. 옷을 비벼 빨 때마다 고이고 또 고이는 노랑물을 보면 태국 여행이 떠올라 나름대로 잔잔한 추억의 시간을 가질 수 있었다.

불꽃 가득한 새해맞이

친정 오빠 가족은 태국 주재원으로 파타야 해변 콘도에서 살고 있었다. 회사에서 비용을 다 대준다고는 하지만 80평 집에 화장실이 무려 네 개, 가정부와 운전기사를 두고 사는 삶은 내 평생 있었던 적도, 있을 리도 없는 일이었다. 그러나 생소한 언어를 배워야 하고, 운전기사 없이는 외출도 어렵고, 한국 음식도 마음껏 먹지 못한다고 생각하니 그곳에서 일해야 하는 오빠와 아이들을 데리고 적응해야 하는 올케언니가 힘들겠다는 생각도 함께 들었다.

콘도 1층에 수영장이 있지만 수영장을 지나 쪽문으로 나가면 바로 해수욕장의 모래사장이 펼쳐진다. 조카는 종종 나가서 바다 수영을 한다고 했다. 반짝이는 모래사장에서 금발 머리, 갈색 머리의 서양 관광객들이 앞으로 굽고, 뒤로 굽고… 그들의 하얀 살을 벌겋게 익히고 있었다.

“엄마, 여기는 태국인데 왜 태국 사람보다 백인이 더 많아?”

“지금 겨울인 나라들이 많잖아. 연말이라 휴가 기간이니 따뜻한 나라로 여행 왔겠지?”

해변을 조금 걷다 보니 한 태국인이 다가와 말을 건넸다.

“천 원, 만 원? 태국 돈 바꿔? 한국 돈, 한국 돈!”

그는 우리나라 지폐를 여러 장 손에 들고 마구 흔들어 댔다. 한국 사람들이 정말 많이 오는 모양이라며 아이들과 웃었다.

12월 31일 밤, 발코니에 서서 새해를 기다리고 있었다. 0시가 되면 폭죽이 어마어마하게 터질 거라는 오빠의 말을 듣고 은근히 기대하면서. 잠깐이면 끝날 줄 알았던 새해 폭죽은 30분간 쉬지 않고 이어졌고, 파타야 하늘 곳곳을 수놓는 화려한 불꽃들을 보며 시간 가는 줄 몰랐다. 동쪽에서 펑! 해서 고개를 돌리면 바로 남쪽에서 펑! 여러 곳에서 동시에 벌이는 불꽃 축제였다. 아래를 내려다보니 호텔, 레스토랑 등에서 사람들이 카운트다운에 맞춰 환호성을 지르며 흥겨운 음악과 불빛으로 새해를 맞이하고 있었다.

"와, 이걸 매해 본단 말이지? 서울에서 불꽃 축제 한번 보려면 차도 막히고 자리도 없고 얼마나 고생을 하는데, 편안하게 집에 앉아서 이런 걸 보다니…."

"딱 첫해만 감탄했지. 그다음부터는 그냥 시끄럽기만 하더라." 오빠는 시큰둥하게 대답했다.

다음 날 아침, 아이들에게 폭죽 소리가 엄청났는데 어떻게 깨지도 않고 잘 잤느냐고 했더니 오히려 왜 깨우지 않았느냐고 원망을 했다.

“그렇게 오래 할 줄 알았으면 깨웠을 텐데, 깨우자마자 끝나버릴까 봐 깨우지 못했지.”

아이들에게 사과했다. 하지만 결과를 알면 누가 후회할 짓을 하겠는가. 모르니까 놓치는 거지. 그리고 몰랐기 때문에 아무 방해도 없이, 온전한 나만의 근사한 불꽃놀이를 보게 되었고 말이다.

초4, 초2 겨울방학

*

동서양이 공존하는 중국

상하이

4박 5일

강렬했던 첫인상

불과 8~9년 전만 해도 우리나라의 대기 질이 지금과 같지 않았음이 분명하다. 상하이에 머물던 4박 5일 동안 그곳의 공기는 너무도 낯설고 기이했으니까.

"스모그인가 봐. 어떻게 이렇게 가까운 거리에 있는 게 안 보일 수가 있지? 안개도 아니고… 무슨 이런 공기가 다 있대?"

지척에 동방명주東方明珠가 우뚝 서 있었지만 색이 선명하게 보이지 않았다. 먼지 쌓여 방치된 예술품을 보는 것처럼 답답함이 느껴졌다. 상하이에서 찍은 사진들은 하나같이 우중충해서 우울한 기분마저 들게 했는데, 그나마 조금 선명하게 나온 사진은 비가 내린 날에 찍은 것이었다. 요즘 우리나라의 공기를 떠올리면 쉽게 이해가 간다.

그때는 "하루 이틀도 아니고 이런 데서 어떻게 살지? 여기 사람들 어쩌냐?"라고 걱정했는데, 지금 우리가 바로 '그런 데'서 살고 있다.

공항에서 호텔로 갈 때는 한인 택시를 이용했다. 택시 기사가 말했다.

"여기는 빨래를 다 막대기에 꽂아서 창밖으로 내놔요. 집 안에서는 며칠이 가도 안 마르니까. 국제 행사가 있을 때는 다른 나라 사람들 보기 창피하다고 빨래 집어넣으라는 방송도 해요."

차를 타고 지나면서 보니 정말로 건물마다 수도 없이 많은 장대가 밖으로 뻗어 있었고, 장대마다 빨래가 빽빽이 꽂혀 있었다. 빨래집게가 필요 없었다. 긴 막대에 소매를, 바짓가랑이를, 속옷 구멍을 통과시켜 바람이 불어도 떨어지지 않는 빨래 꼬치였으니까. 옷들이 줄줄이 손에 손잡고 옆으로 서 있는 모습이 처음에는 흉해 보였는데 이틀 정도 지나니 익숙해졌다.

오랜 시간에 걸쳐 그 지역에 자리를 잡은 문화는 보기에 이상해도 그게 최선이라는 뜻이다. 떨어질 염려도 없고 훔쳐 가기도 어렵고 집 안을 차지하지도 않으니 그보다 좋은 빨래 건조대는 없지 않았을까.

'상하이' 하면 지금도 빨래 꼬치와 스모그가 가장 먼저 떠오른다. '대한민국' 하면 무엇이 가장 먼저 떠오르는가? 제발 미세먼지는 아니었으면 좋겠다.

뜻하지 않은 피난 체험

미국에서는 지도를 보면서 곧잘 돌아다녔다. 가야 할 곳을 인터넷 지도로 미리 확인했고, 내비게이션의 도움도 받았다. 태국에서는 따라만 다녔으니 지도를 볼 일도 없었다.

내가 어렸을 때는 전화를 받으면 제일 먼저 하는 말이 '여보세요'였고, 그다음 하는 말이 '누구세요?'였다고 하니 아이들은 이해하지 못했다. 왜 '누구세요?'를 묻냐는 것이다. 발신 번호가 찍히지 않는 것을 이해하지 못하는 아이들. 2000년 이후 태어난 Z세대, 디지털 네이티브인 내 아이들에게 실상 그리 오래

되지 않은 시절의 이야기를 호랑이 담배 피우던 시절처럼 알려주어야 할 때가 있다. 너무나 짧은 기간에 참 많은 것이 빠르게 변하지 않았는가.

독자들은 왜 내가 유심칩을 사지 않았는지, 왜 와이파이 도시락 같은 것을 챙기지 않았는지 의아하겠지만 그땐 지도를 볼 수 있다면 굳이 돈 들여 유심칩을 살 필요가 없다고 생각했었다. 미국에서도 유심 없이 두 달이나 지냈으니 말이다. 그러나 이런 오만은 하루 만에 무너지고 말았다. 문명 세계에서 문명의 기기를 사용하지 않는다면 우리는 한낱 미개인일 뿐, 굳이 그곳까지 가서 탐험가 흉내를 낼 필요는 없는 거였다.

와이탄The Bund 야경을 보기 위해 지하철역에 내렸는데 아마도 잘못된 출구로 나갔던 모양이다.

"저기 야경이 그렇게 예쁘단다. 그건 봐야지. 보고 나서 얼른 밥 먹으러 가자."

배가 고프다고 말하는 아이들의 걸음을 재촉했다. 반짝반짝 고층 건물의 스카이라인이 금방이라도 닿을 듯 가까이 보였다.

"바로 저기야. 조금만 가면 돼."

보인다는 건 방향만 알려줄 뿐 거리를 짐작하는 데는 도움이 되지 않는다. 남산 타워도 어디서나 보이지 않는가. 길은 어둡고, 사람은 안 보이고, 대체 어디로 가고 있는 것인지 겁이 나기 시작했다.

"우리 언제까지 걸어가?"

"이쪽으로 가는 거 맞아?"

"다시 지하철로 돌아가서 출구를 찾아볼까?"

딸들과 나의 의심 가득한 질문에 남편이 당황했다. 이젠 뒤통수만 보아도 남편의 감정을 대충 알 수 있는 연차가 된 것이다. 이런 상황이 생기면 남편이 이끄는 대로 그냥 따른다. 사공이 많으면 배가 산으로 가기도 하고, 아이들이 불안해하면 결국에는 여행을 망치게 되기 때문이다. 결과적으로 남편의 선택이 옳지 않을 수도 있다. 더 헤맬 수도 있다. 하지만 어쨌든 우리는 그곳에 도착할 것이고 그렇다면 티격태격하는 것보다는 믿고 따라가는 편이 낫다. 그러면 아이들도 투정은 부리겠지만 무섭지는 않을 테니까.

온종일 걸은 뒤라 지칠 대로 지친 아이들은 다리가 아프다며 징징대기 시작했고 바람도 차가워졌다. 춥고 배고픈 것만큼 서러운 게 또 있을까. 갑자기 울컥 서러워져 야경이고 뭐고 그냥 순간 이동해서 숙소로 돌아가고 싶었다. 따뜻한 물로 샤워하고 침대에 벌러덩 드러누울 수만 있다면 얼마나 좋을까, 어른인 나도 주저앉고 싶었으니 아이들은 오죽했을까. 택시라도 보였으면 붙잡아 탔을 텐데 우리는 택시도 다니지 않는 골목길을, 아마도 호텔이나 큰 건물 사잇길을 지나가는 듯했다. 정신을 차려야 했다. 머릿속에 가득 찬 배고픔과 추위와 피곤으로부터 벗어나려면 어떻게 해야 하지?

"얘들아, 엄청 힘들지? 우리 상황극을 한 번 해보자. 지금은 6.25 전쟁 중이야. 우리는 피난을 가는 중이지. 빨리 가야 해. 북한군이 막 내려오고 있단 말이야."

"다리가 너무 아픈데?"

"다리가 아파도 걸어야지. 너희는 가방도 안 멨잖아. 엄마랑 아빠는 가방도 들었는걸."

"너무 추운데?"

"추워도 어쩔 수 없어. 6.25 전쟁은 여름에 일어났지만 전쟁이 길어져서 겨울에도 피난을 갔어. 그때 사람들은 오리털 잠바도 없었을 텐데 얼마나 추웠겠니."

"배가 너무 고파."

"음식은 너무 무거워서 가지고 갈 수가 없어. 해 먹을 데도 없고. 외할머니가 두 살 때 피난 가다 설사해서 죽을 뻔했다는 얘기 기억나?"

"근데 엄마 어디까지 가?"

"부산까지 가야지. 북한군이 쫓아오고 있어. 부산에 가면 살 수 있을 거야."

"진짜 피난 가는 거 아니잖아."

"피난 체험이지. 이래가지고는 한강 다리도 못 넘어가겠다. 이런 체험은 돈 주고도 못 해."

그렇게 걸으면서 6.25 전쟁 이야기, 할머니, 할아버지 이야기, 전쟁에서 부산만 온전했던 이야기 등을 했다. 만약 우리가 전쟁 때문에 헤어지게 된다면 어디서 어떻게 만나야 할지, 이산가족 찾기 이야기를 하면서 한 걸음씩 무거운 발을 옮겨 놓았다.

마침내 길을 찾았고 야경을 보러 나온 인파들 속으로 들어가 황푸강을 따라 걸었다. 여태 걸어왔는데 또 걷냐며 아이들의 원성이 대단했다.

"지금 피난 중이라니까. 안전한 곳에 도착할 때까지는 방법

이 없어."

유럽 스타일의 높은 빌딩과 화려한 불빛, 강을 오가는 유람선, 수많은 인파. 그 사이에서 우리는 관광객답게 사진도 찍고 구경도 해야 했지만 저녁 식사를 하기 위해 또다시 걸어야 하는 현실에 차마 제대로 즐길 수가 없었다.

우리가 와이탄의 추억이라고 부를 수 있는 건 상점이나 빌딩, 강의 모습이 아니라 어쩌면 '피난 체험'일 것이다. 사진에는 남아있지 않은, 오로지 기억 속에서만 존재해 우리 가족 넷이 서로 맞추어 보았을 때만 비로소 완성되는 천 피스 퍼즐 조각으로 말이다.

귀신의 집만 기억난다니까

와이탄에서 추위와 피로를 겪게 한 뒤라 아이들을 달래주고 싶었다. 책자를 뒤적이다 보니 상하이에도 놀이동산이 있었다. 지하철로 두 정거장이었지만 택시를 잡았다. 택시는 고가도로를 타고 도심을 지나 하염없이 내달렸다. 이상하네? 분명 두 정거장이라고 되어 있었는데 너무 오래 달리는 거 아닌가? 물어볼 수도 없고 세울 수도 없고 10분이 넘어가고 20분이 넘어가자 침이 꼴깍꼴깍 넘어갔다.

'우리가 관광객이라고 바가지 씌우는 게 틀림없어. 돌아서 가고 있는 걸 거야, 지금!' 그런 생각마저 들었다. 다행히 놀이동산 앞에 내려 주긴 했지만 찜찜한 마음은 가시질 않았다.

입구에 들어서자 놀이동산이 맞나 싶을 정도로 휑했다. 아무리 겨울이고 평일이라지만 한창이어야 할 시간에 이렇게 한산할 수가…. 매표소에 앉은 직원들은 방금 콩나물을 다듬다 나온 동네 아주머니 같았다. 집에서나 입을 법한 평상복에 화장기 없는 맨얼굴로 다소 무기력하게 앉아 표를 팔았다.

그래도 사람이 별로 없으니까 기다리지 않고 놀이 기구를 탈 수 있을 거라 기대했는데, 재미있어 보이는 건 전부 키 140센티미터 이상만 탑승 가능했다. 작은아이만 두고 탈 수도 없고, 큰아이만 태울 수도 없는 노릇이었다. 가족은 함께 '하는' 사람들이지만 때로는 함께 '안 하는' 사람들이기도 하다. 누군가 탈 수 없다면 함께 '안 타는' 쪽을 택해야 했다. 그러고 나니 탈 수 있는 것이 거의 없었다.

그래도 귀신의 집은 지금도 기억에 남는다. 안으로 들어가는 작은 기차를 타야 했는데, 아이들을 앉히고 내가 뒤에 앉자 매표소 아주머니가 다가와 무언가를 요구했다. 중국말을 못 알아듣는다고 했더니 더 큰 목소리로 아이를 가리켰다 나를 가리켰다 하는 것이다. 남편과 나는 무슨 뜻인지 이해해 보려고 애를 썼지만 도무지 알 수가 없었다. 진땀이 났다. '그냥 타지 말까?' 아주머니는 답답했는지 작은아이를 번쩍 들어 올리더니 (무서웠다. 의사소통이 안 된다는 것이 이렇게 공포스러울 줄이야.) 내 무릎에 앉혔다. 아! 안고 타라는 거였구나. 아이가 무서워할까 봐 그랬을 거라고 추측만 할 뿐이었다. 작은 열차가 입구로 다가가자 알몸을 한 사람 모형이 휙 뒤로 돌며 인체 장기가 나타났다. 아이들은 그 모습이 너무나 충격이었다고 했다. 내 기억엔 없는데 아이들은 너무 놀라 그것만 기억이 난다고 했다.

놀이동산에 머문 시간이 채 2시간도 안 되었지만 더 머물수록 탈 수 없는 놀이기구 때문에 속상한 마음만 커질 것 같아 돌아오기로 했다. 지금은 상하이에도 디즈니랜드가 생겼다고 하니 우리 같은 경험을 가지고 돌아오는 관광객은 이제 없을 것이다. 다들 디즈니랜드로 가시길.

돌아올 때는 지하철을 탔다. 택시비가 많이 나오기도 했고 또 바가지를 쓰는 게 아닌가 싶어서. 그런데 오면서 보니 지하철로도 두 정거장 오는 데 20분을 훌쩍 넘기고 있었다. 괜한 의심을 한 것 같아 아까 그 택시 기사분에게 죄송했다. 정거장 간격이 그렇게 긴 줄 누가 알았나요~.

우리 임시정부인데 왜?

상하이 임시정부. 어릴 때부터 많이 들어보았던 장소다. 아이들에게도 역시 생소한 곳은 아니었다. 그러나 중국인에게는 낯선 장소일지 몰라 우리는 택시를 타기 전 고민을 했다. 남편은 여행 책자를 보면서 어설프게 중국 발음을 연습하다가 이내 "지도 보여주면서 여기로 가달라고 하면 돼"라고 현실적인 대안을 내놓았다. 보조석에 탄 남편이 지도를 보여주자 택시 기사는 "아! 대한민국 임시정부!"라고 말했다. 물론 우리나라 말을 했을 리가 없다. 중국어였지만 발음이 너무 비슷해서 알고 들으면 그렇게 들린다. (궁금한 사람은 파파고 앱으로 들어보길… 아마 깜짝 놀랄 것이다.) 나중에 남편이 말했다.

"괜히 중국말로 하려 하지 말고 차라리 또박또박 천천히 우리 말로 해. 그러면 알아듣는다니까."

기대 반, 호기심 반으로 임시정부 앞에 도착했다. 옆 건물에서 입장권을 사고 상하이 임시정부 유적지 입구로 들어갔다. 아마 한국 사람이라면 남녀노소를 불문하고 모두 뭉클함을 느낄 것이다. 존재와 연결되어 있기 때문이다. 나의 존재, 우리 아이들의 존재, 우리 모두는 이곳에서 벌어진 일들과 결코 무관하지 않다.

관람하기에 앞서 절대 사진을 찍으면 안 된다는 주의사항을 들었다.

"아무리 중국에 있어도 우리 역사의 일부분인데 사진 하나 못 찍게 하다니, 너무한 거 아니야?"

대단한 비밀이 숨어있는 것도 아니고 이미 지나간 역사인데 사진기가 보일 때마다 후다닥 달려와 나무라는 모습을 보니 기분이 언짢았다. 직원이 살짝 고개를 돌린 사이 얼른 몇 장 찍었다. 그렇게라도 간직하고 싶었다.

시간대가 맞으면 한국어로 설명하는 도슨트의 안내를 받을 수 있는데 우리가 갔을 때가 마침 그 시간이었나 보다.

"엄마, 한국말 맞지? 무슨 말인지 하나도 모르겠어."

"중국식 한국말 같지? 아마 들으면서 배운 게 아니라 엄마 때 영어 배우던 것처럼 글로 배운 것 같아."

그래서 우리는 도슨트의 설명을 포기하고 자유롭게 둘러보기로 했다. 역사에 관심이 많은 남편이 아이들 눈높이에 맞추어 짤막짤막 설명을 해주었고, 임시정부가 상하이에만 있었던 게 아니라 여러 번 옮겨 다녀야 했던 것도 알려주었다. 한 나라의 운명을 바꾸고자 했던 사람들이 머문 곳인데 참 작고 허름하고 소박했다. 아이들이 역사를 다 알지는 못하지만 우리가 우리의 힘만으로 독립한 것이 아니라는 것이 무언가 개운치 않았나 보다.

"일본이 져서 우리가 독립이 된 거잖아. 그럼 이런 임시정부가 무슨 소용이 있어? 만약 일본이 지지 않았다면 아무리 임시정부가 있고 독립운동을 했어도 독립이 안 되었을 수도 있었던 건데?"

아이의 말에 잠시 말문이 막혔다. 생각해보니 나는 그런 의문을 가져 본 적이 없었다. 독립운동가들은 당연히 고마운 분들이고 그분들이 노력을 했으니 독립이 되었겠지, 막연하게 생각했었다. 그들이 없었어도 우리는 독립했을 거라는 사실이 갑자기 받아들여지지 않았다. 아이들의 순수한 질문, 질문다운 질문이 마음과 뇌를 복잡하게 만들었다.

"그럴 수도 있지. 독립운동을 했다 해도 우리는 계속 일본의 속국으로 살아야 했을지도 모르고. 그런데 계속 준비를 하고 있었다는 게 중요하다고 생각해. 만약 포기하고 아무런 노력도 하지 않고 있다가 얼떨결에 독립이 되었다고 생각해 봐. 계속 준비를 해왔기 때문에 그나마 독립을 이룬 거 아닐까? 임시정부가 있는 것과 없는 것은 국민들의 마음가짐에도 영향을 주었을 거 같고. 기회는 준비된 자에게 온다고 하잖아."

내가 그 격변의 시대를 살아낸 사람이 아니라 감히 다 안다고 할 수는 없지만 광복의 날 아마 우리 선대들은 "우리가 이루었다! 해냈다!"라고 하지 않았을까? 그리고 그것은 결코 거짓이 아니다.

좁고 가파른 계단을 오르내리며 경건한 마음으로 둘러보고 나서 임시정부를 나가려는데 방문일이 생일인 사람에게는 기념품을 준다는 안내문을 보게 되었다. 그날은 마침 큰아이의 생일. 여권을 꺼내 확인시켜주자 직원이 작은 상자를 건넸다. 기념 열쇠고리였다. 꼭 필요한 물건도 아니고 예쁘지도 않았다. 아이가 실망하면 어쩌나 싶었는데 "어떻게 내 생일에 딱 맞춰서 여길 왔지? 너무 신기하다!"라며 환하게 웃었다. 열쇠고리를 보고 또 보았다. 선물보다는 우연한 행운에 더 초점을 맞추는 큰아이의 모습이 예뻤다.

지금까지 아이들과 함께 많은 영화를 봤는데 그중에는 일제강점기나 독립운동에 관한 영화들도 꽤 된다. 처음엔 우리 부부의 추천이 많았고 나중에는 아이들이 권한 것들도 있다. 〈암살〉, 〈모던보이〉, 〈귀향〉, 〈박열〉, 〈군함도〉, 〈말모이〉, 〈아이 캔 스피크〉, 〈허스토리〉, 〈덕혜옹주〉, 〈동주〉 등 많은 영화를 보면서 상하이 임시정부를 둘러볼 때 미처 하지 못했던 말, 생각지 못했던 대화들을 나눌 수 있었다. 그 대화 끝에 자주 등장하는 단골 문장이 있다.

"나, 상하이 임시정부에서 열쇠고리 받았는데…."

그러면 또 고구마 줄기 딸려 나오듯 상하이 여행기가 시작되는 것이다.

고양이 공원

서커스를 보기 전까지 시간이 조금 남아있었다. 근처를 둘러보는데 웬 공원 입구가 눈에 들어왔다. 시간을 보내기에 적당한 것 같아 들어갔더니 입구에서부터 예쁜 고양이가 우리를 맞아주었다.

반려동물 하나쯤 키워보고 싶은 건 아이들의 본능 아니던가. 키울 때는 예쁘지만 아프거나 죽는 모습을 지켜볼 자신이 없어 나는 강하게 반대해왔다. 일단 거두는 순간부터는 막중한 책임감을 가져야 하는 생명이기 때문이다. 때문에 아이들

은 강아지도, 고양이도 키워본 적이 없다. 그러니 고양이를 보고 아이들의 눈에서 하트가 뿅뿅 나오는 것은 당연했다. 마치 마법에 걸린 듯 고양이에게 다가갔다. 오른쪽에서, 왼쪽에서, 벤치 뒤에서, 나무 위에서 종류가 다른 고양이들이 툭툭 튀어나와 사람 무서운 줄 모르고 어슬렁거리며 여유를 만끽하는 모습을 보여주었다. 다가가도 도망가거나 하악질 하지 않고 쓰다듬어도 가만히 제 등을 내어주었다.

"엄마, 너무 예쁘지? 아, 너무 귀여워."

아이들은 쪼그리고 앉아 눈을 떼지 못했다. 이 공원의 이름은 '정안공원'이었지만 우리는 그냥 '고양이 공원'이라 부르기로 했다.

조금 있자니 초등학생쯤 된 여자아이 하나와 아버지로 보이는 남성이 배낭을 벗어 바닥에 내려놓는 모습이 보였다. 배낭에서는 고양이 사료와 일회용 접시 등이 나왔고 여자아이는 능숙하게 여러 개의 접시를 펼치더니 캔 안의 음식을 나누어 담기 시작했다. 그러자 약속이라도 한 듯 여기저기서 고양이들이 몰려들기 시작했다.

"저 사람이 주인일까?"

아직 '캣맘'이라는 용어를 알지 못하던 때였다. 주인이 아닌데 야생 동물을 돌본다는 개념이 익숙하지 않았었다.

"주인이 왜 여기서 키워? 저녁에는 집에 데리고 가나? 아니면 고양이가 너무 많아서 여기서 키우나? 자기 고양이도 아닌데 매일매일 밥을 주려면 돈도 많이 들겠다."

아이들은 궁금한 게 많았지만 물어볼 수가 없으니 혼잣말 같은 질문만 난무했다. 그리고 답은 몇 년 후 우리나라에서 찾지 않았을까 싶다. 지금은 애묘인도 많아졌고, 캣맘 동호회가 생겼을 뿐 아니라 고양이가 사람의 반려묘로 불리는 걸 넘어서 사람이 고양이의 집사가 되고 있으니 말이다.

몇 년 전에 남편이 충주호 근처 휴게소에 고양이가 많다는 말을 들었다며 한번 가보자고 했다. 휴게소란 어딘가로 가는 길에 잠깐 들르는 곳이지만 우리는 오로지 고양이를 보기 위해 그 휴게소로 향했다. 운이 좋으면 정안공원에서처럼 쓰다듬을 수 있을지 모른다는 기대를 가지고 먹이도 준비했다. 가서 보니 상하이에서 본 것처럼 귀티 나게 풍성한 털을 가진 녀

석들은 아니었지만 정말로 고양이들이 돌아다니고 있었다.

"야~옹, 야~옹. 이리 와 봐. 이거 먹어 봐."

애가 타는 아이들의 마음을 아는지 모르는지 고양이들은 요리조리 눈치를 보며 숨기에 바빴다. 뒤돌아서 가는 척하면 후다닥 달려와 먹이만 채 가고 도통 곁을 내주지 않았다. 그게 고양이의 본래 습성인 건지, 상하이의 고양이들이 특이했던 건지, 아니면 인간에게 안 좋은 기억이 있는 건지, 어쨌거나 우리 맘을 알아주지 않는 고양이들이 야속했다.

"전에 갔던 충주호 고양이 휴게소 이름이 뭐였더라?"

갑자기 생각나 남편에게 물으니 "없어졌어. 휴게소가 아예 없어져 버렸는데 그 고양이들 다 어디로 갔나 모르겠네"라고 한다.

정말 그 고양이들은 어디로 갔을까?

여행은 그 장소에서 끝나지 않는다. 과거의 일과 연결되고, 이후의 경험과 통하고, 다른 여행과 이어진다. 아무 때고 넘나들며 오갈 수 있는 신비한 사차원 통로 같다.

공부가 제일 쉬운 것 같아

동춘서커스단도 아직 못 봤는데 상하이에서 서커스를 처음 보게 되었다. 수학여행을 온 것인지, 체험학습을 온 것인지 학생들이 단체로 와서 관객석은 꽉꽉 채워졌다. 우리는 운 좋게 비교적 앞쪽에 앉게 되었다.

서커스란 모름지기 간이 조마조마, 등골이 오싹, 끝이겠거니 할 때부터 진짜 시작인 것이 묘미다. 마술이라면 트릭을 썼을 테니 신기해도 웃고 넘길 텐데 오로지 몸으로 모든 것을 보여주는 서커스는 신기하면서도 보는 내내 불안하다. 인간의 한계에 도전하고 불가능을 가능하게 하면서도 올림픽 메달도 없고, 연금도 없고, 영광도 없는 극한 직업이다.

공중그네, 줄타기, 접시 돌리기 등은 TV에서도 접했던 것들인데 피날레를 장식했던 오토바이 서커스는 그야말로 난생처음 보는 것이었다. 지구본처럼 둥근 틀 안에 오토바이가 들어가 가로로, 세로로, 대각선으로 부앙부앙 달리는데, 어라, 달리고 있는 오토바이를 따라 또 다른 오토바이가 쏙 들어가 달린다. 두 대의 오토바이는 서로 부딪히지 않고 사방팔방을 (그래봤자 작은 원 안에서) 오르락내리락 내달렸다. 감탄하며 동영상을 찍고 있는데 또 한 대가 더 들어가고, 또 한 대가 더 들어가고… 겹치지도 않고 부딪히지도 않고 속도를 줄이지도 않은 채 결국 오토바이 다섯 대가 들어가고야 말았다. 눈앞에서 보면서도 이게 가능한 것인지 믿을 수가 없었다.

다른 공연 중에는 우리 아이 또래의 여자아이 때문에 내내 마음을 졸였다.

"저 애는 여기서 일하는 거야? 학교는 안 가? 저렇게까지 하려면 얼마나 연습을 해야 해?"

아이들도 궁금해했다. 그 여자아이가 나오면 다른 단원들

이 보이지 않았다. 행여 실수라도 할까, 다칠까 걱정도 되고 제대로 된 교육은 받는 것일까 마음이 쓰였다. 아슬아슬하더니 결국 접시 돌리기에서 세 번이나 접시를 받아내지 못했다. "어떻게 해? 혼나는 거 아니야?" 아이들도 걱정스레 물었다.

"엄마, 나는 공부하는 게 싫은데… 저 애를 보니까 정말 엄청나게 연습해야 하는 것 같고, 나는 저렇게 못 할 거 같아. 그냥… 공부가 제일 쉬운 것 같아."

큰아이의 서커스 관람 후기가 나를 놀라게 했다. 지금껏 자신이 경험해보지 못한 극한 연습의 열매와 무대 위에서의 담대함, 실수를 했음에도 침착한 그 아이를 보고 무언가를 깨달았던 것 같다.

큰아이는 지긋지긋한 고등학생 시기를 지나 대학생이 되었고, 작은아이는 고3이 되었다. 아이는 어쩌면 공부가 제일 쉬운 것 같다고 말한 것을 후회하고 있을지도 모른다. 물론 서커스에서 본 아이 때문에 공부하지는 않았을 것이다. 그러나 여행하며 보고 깨달은 경험은 무의식에 영향을 미친다고 생각한다. 아이들이 학생이 벼슬인 것처럼 으스대지 않는 걸 보면, 공부가 힘들어도 세상에서 제일 힘들다고 짜증 내지 않는 걸 보면 말이다.

〈태양의 제국〉과 함께

상하이에 가기 전 다 같이 영화 〈태양의 제국〉을 보았다. 태평양 전쟁 때 상하이에서 포로가 된 영국 소년의 이야기다. 중국인 하인의 시중을 받으며 호화로운 생활을 하던 소년 제이미는 일본군 침략으로 아수라장이 된 상황에서 부모를 잃고 포로수용소로 가게 된다. 이전과는 완전히 다른 삶을 살게 된 제이미가 혹독한 현실에 타협하고 적응해가는 내용이 펼쳐진다. 극적인 전개와 소년 제이미의 연기에 우리는 완전히 매료되었다. (크리스천 베일은 아역일 때부터 연기 천재였음이 분명하다.) 와이

탄 거리를 걸으며 자연스럽게 〈태양의 제국〉을 떠올리지 않을 수 없었다.

"이쯤에서 제이미가 엄마를 잃었을지도 몰라."

"영국의 지배를 받을 때 지었던 건물이라 다 서구식이지? 다른 곳과 느낌이 다르네."

영화의 배경은 아주 오래전이지만 그때 건물들이 그대로 남아 지금도 은행, 보험사 같은 용도로 사용되고 있었다. 성 이그나티우스 성당St. Ignatius Cathedral 역시 평범한 성당이지만 소년 제이미가 미성으로 성가를 불렀던 장소라 하니 사뭇 다르게 느껴졌다.

"여기서 노래할 때만 해도 제이미가 도련님으로 철없이 지내던 땐데."

동방명주 건물에 있는 역사박물관에서는 아편에 절어 있는 사람들의 모습이 눈길을 끌었다. 그리고 영화 이야기가 이어졌다.

"중국이 무역에서 이득을 보니까 영국이 아편을 팔기 시작한 거야. 아편은 마약이잖아. 그러니까 한번 시작하면 끊기 어렵고, 중독된 사람들은 더 사려고 하겠지? 마약을 하면 정신을 못 차리니까 일도 제대로 못 하고, 건강도 나빠지고. 그때 아편을 하던 사람들이 이런 모습이었대. 몽롱해 보이지? 이렇게 국민들이 아편에 정신을 못 차리니까 중국에서 아편을 다 태웠대. 그래서 영국이 전쟁을 일으켰지."

"그럼 영국이 나쁜 건가?"

"유럽 국가들이 경쟁적으로 누가 더 많이 다른 나라를 식민지로 만드나 하던 때였으니까."

"그래서 어떻게 됐어?"

"중국이 졌어. 그래서 저렇게 많은 건물이 지어지고 〈태양의 제국〉에 나오는 제이미도 여기서 살 수 있었던 거지. 제이미가 중국인 하인들 막 대하는 거 봤지? 엄청 버릇없이 굴었잖아."

아이는 중국에도 우리처럼 아픈 역사가 있다는 사실을 알게 되었다고 했다. 영화를 보거나 관련 지역에 가서 이야기를 하면 아이들은 귀를 기울이곤 한다. 아마도 나눈 이야기들을 세세히 기억하긴 어렵겠지만 '감정을 가지고 들었으니 나중에 공부할 때도 어렴풋하게 그 감정이 떠오르지 않을까?', '역사에 관심을 가지게 되지 않을까?' 그런 생각을 했다.

그리고 그 생각은 들어맞았다.

"엄마, 나는 역사 배우는 게 너무 재미있거든. 수업 시간도 재미있고, 공부할 때도 재미있고."

그러나 정말 하고 싶은 말은 그 뒷말이었다.

"근데 이상하게 시험을 못 봐."

재미와 성적이 일치하면 얼마나 좋을까. 그러나 그럴 수 없다면 좋은 성적을 받는 것보다 재미와 관심으로 알아보고 제대로 된 역사관을 갖는 편이 더 좋지 않을까?

"괜찮아. 엄마는 역사 점수 높은 것보다 제대로 된 역사의식을 갖는 게 더 중요하다고 생각해. 그게 진짜 역사 공부지." 아이의 팔짱을 끼며 다정하게 말했다.

초6, 초4 여름방학

*

자유와 낭만이 있는 프랑스

파리

6박 7일

타는 목마름으로

원래 계획했던 첫날 일정은 노트르담 대성당Cathedrale Notre-Dame을 시작으로 퐁피두 센터Pompidou Center, 보쥬 광장Place des Vosges, 파리 국립현대미술관을 차례로 둘러보는 것이었다. 걸어서 이동이 가능하게 기가 막힌 동선을 짠 것 아닌가 내심 으스대고 있었다.

노트르담 대성당은 밖에서 보나 안에서 보나 웅장하고 아름다웠다. 지식이 좀 있었다면 아이들에게 설명을 해줬을 텐데 하는 아쉬움이 생겼다. 현장에서 여행 책자를 꺼내 읽어 줄

까했지만 귀에 들어오지도 않을 테고 여행의 의미를 퇴색시키는 것 같아 그냥 보이는 대로 감상하고 느끼는 대로 떠들었다. 딱히 지식이 없어도 성당 안의 스테인드글라스는 굉장한 작품이라는 걸 알 수 있었다. 마침 일요일 미사 중이어서 조용히 들여다보고 밖으로 나왔다.

입장 시간이 아직 한참이나 남아있는데도 종탑으로 올라가는 줄이 꽤 길었다. 7월의 파리는 우리나라처럼 후텁지근하지 않아 그늘에 서 있으면 초여름의 선선한 기운이 느껴진다. 그러나 태양이 내리쬐는 곳에 서 있으려니 목덜미가 후끈했다.

"얘들아, 우리 계단을 400개나 올라가야 한다."

"엥? 엘리베이터가 없어?"

"이 성당이 만들어진 게 언젠데 엘리베이터가 있겠어. 당연히 걸어 올라가야지"라고 했지만 나선형 계단을 그렇게 끝도 없이 올라갈 줄이야. 너무 좁아 한 줄로 가야 했기 때문에 중간에 멈추면 눈치가 보였다. 그럼에도 허벅지가 빽빽해져 몇 번이나 쉬어야만 했다.

종탑에서 처음 마주한 파리 시내 전경은 "와~" 외에는 달리 말이 나오지 않았다. 저 멀리로는 에펠탑Eiffel Tower, 사크레쾨르sacre-coeur 대성당이 보이고, 아래로는 센강Seine R.을 따라 유람선이 지나가고, 오래된 도시의 차분함과 따뜻한 감성이 공존하고 있었다. 정신없이 사진을 찍고 있는데 바로 뒤에서 종이 울리기 시작했다. 귀를 타고 들어와 머리를 흔들고 심장을 터뜨리고 나가는 우레 같은 소리에 우리는 서로를 향해 있는 힘껏 고함을 치며 대화를 시도했지만 한마디도 전달할 수 없었다.

이렇게 멋진 성당이 2019년 4월 15일 화마에 휩싸였다. 뉴스 속 눈물을 흘리는 파리 시민들을 보니 숭례문과 함께 타버렸던 내 마음이 떠올랐다. 이루 말할 수 없는 안타까움에 화면에서 눈을 뗄 수가 없었다.

"그때 봤던 스테인드글라스도 다 탔어?" 아이들이 물었다.

"다행히 '장미의 창'은 무사하다는데… 근데 어쩌면 좋으니. 아휴, 다 무너져 내리고 있어."

성능 좋은 카메라로도 절대 담지 못하는 아름다움을 이제 볼 수 없다고 생각하니 400개의 계단은 전혀 힘든 게 아니었다. 그때 다녀올 수 있어서 정말 다행이었던 거다.

성당에서 내려와 간단히 점심을 먹고 퐁피두 센터로 향했다. 센터 앞 광장에는 손수 만든 물건을 바닥에 널어놓고 파는 사람들도 있었고 바닥에 그림을 그리는 사람도 있었다. 자유로움이 느껴졌다. 퐁피두 센터는 배수관과 가스관, 통풍관을 바깥으로 노출시킨 독특한 디자인으로 유명하다. 외관이 원색으로 칠해져 더욱 눈에 띄었다.

분명 점심을 먹으면서 물을 마셨는데 음식이 짜서 그랬던지, 더워서 그랬던지 누가 먼저랄 것도 없이 목이 마르다고 하기 시작했다. 터널같이 생긴 외부 에스컬레이터를 타면서부터 본격적인 아우성이 시작되었다. 노트르담 성당에서 걸어올 때부터 남편은 물을 사는 게 어떻겠냐고 몇 번이나 말했었다. 나는 퐁피두 센터에 가면 매점이든 편의점이든 하다못해 자판기라도 있을 거라며 그냥 걸었다. 가는 동안 작은 슈퍼라도 보았으면 멈췄을 텐데 아무것도 보이지 않기도 했고 말이다. 그러나 퐁피두 센터의 모든 층을 둘러봐도 정수기는커녕 자판기나 물을 살 수 있는 곳은 없었다.

"내가 나가서 사 올까?"

기어들어가는 목소리로 말을 꺼냈으나 말도 안 되는 얘기였다. 바깥 어디에 물을 파는 곳이 있단 말인가.

"루프탑에 레스토랑이 하나 있던데 거기 가서 음료수라도 사 먹을까?"

올라가 보니 레스토랑이 있긴 했지만 음료수 하나씩만 시켜 먹어도 그날 저녁은 굶어야 할 것 같은 분위기였다. 최대한 빨리 둘러보고 나가는 게 낫겠다는 결론을 내렸고 관람을 시작했다. 이때가 아니면 언제 볼지 모르는 유명한 화가들의 근현대 작품이었지만 눈에 들어올 리가 없었다. 피난 체험에 이어 이번엔 지독한 갈증 체험이었다. 갈증이 얼마나 사람을 예민하게 만들고 지치게 하는 것인지 아마 아이들은 처음 겪어보았을 것이다. 어디든 편의점이나 자판기가 있는 우리나라가 한없이 그리웠다.

밖으로 나와서도 죄인 같은 기분을 떨칠 수가 없었다.

"앞으로 물은 무조건 싸 들고 다니자."

화가 났을 텐데도 남편은 앞으로의 대안을 차분하게 말했고, 나는 필요 이상으로 과도하게 고개를 끄덕이면서 꼭 그렇게 하겠다고 다짐했다. 잠시 후 가판대를 발견한 우리는 '에비앙'을 보고 '몽마를땡 에비앙'이라던 개그맨의 말을 떠올렸다. 평소 같았으면 물 대신 콜라를 선택했을 아이들인데 그날은 일말이 주저함도 없이 '에비앙'을 외쳤다. 목마를 땐 에비앙!

파리 수돗물에는 석회가 섞여 있어 식용수로 적당하지 않다. 심지어 세수를 해도 깨끗한 느낌이 들지 않는다. 그날 이후 우리는 호텔로 돌아가는 길에 매일 마트에 들러 물을 샀다. 에비앙보다 저렴한 물은 얼마든지 있었다. 남편은 숙소를 나서기 전 1리터짜리 물을 백팩에 담았고 이 습관은 이후로도 지금까지, 해외여행은 물론이고 국내 여행에서도 계속되고 있다.

아파트 지하주차장에 가면 천장에 수도나 가스, 통풍관으로 보이는 색색의 파이프들이 보인다. 차에 올라타면서 천장을 볼 때면 종종 퐁피두 센터가 떠오르곤 하는데 그때의 지독한 목마름이 떠오르면 가볍게 머리를 흔들어 털어낸다.

여행을 준비할 때는 최대한 많이 걷지 않도록, 최소한으로 갈아타도록 동선을 짠다. 눈이 빠지도록 구글 지도를 확대했다, 축소했다 하면서 거리와 시간 등을 체크하고 별 표시도 한다. 골치는 아파도 목마름이나 신체적인 고통은 없는 일종의 평면 여행이다. 그러나 진짜 여행은 오르막도 있고 목마름도 있고 땀도 나는 육체 여행이다. 계획은 계획일 뿐, 언제나 현실에 부딪히며 또다시 반성하고 깨닫게 하니 여행은 인생이 뜻대로 되지 않는다는 걸 가르쳐주는 최고의 스승이다.

바게트에는 볶음 고추장이지

노트르담 대성당 첨탑에 이어 바로 다음 날 개선문에 올랐다. 겨우 3일 만에 우리의 허벅지와 다리는 너덜너덜 정상이 아니었다. 언덕 꼭대기에 있는 몽마르트르Montmartre까지 걸어간다면 3차 고난이 예상되는 상황. 차마 그럴 수는 없었다. 지하철역에서 조금 가다 보면 '푸니쿨라Funicular'라는 트램이 있는데 일반 교통권을 사용해 트램을 타면 사크레쾨르 대성당까지 편하게 올라갈 수 있다. 푸니쿨라 안에서 끝도 없는 계단을 걸어 올라가는 사람들을 보니 어쩐지 메~롱을 하고 싶은 못된 충동도

일었다.

사크레쾨르 대성당은 성당이라기보다는 궁전처럼 보였다. 성당을 찍은 사진도 예쁘지만 성당을 등지고 파리 시내 쪽을 찍은 사진이 개인적으로는 더 좋았다. 사람들을 모두 카메라 바깥으로 밀어내고 혼자 독차지하고 싶을 만큼 탐나는 경치였지만 공유할 수밖에 없는 멋진 풍경이었기에 세계 곳곳에서 온 사람들과 함께 카메라에 찍혔다.

몽마르트르 언덕과 에펠탑 근처에 유난히 소매치기가 많다고 했다. 갑자기 다가와 뚝딱 손목에 팔찌를 채우고선 집요하게 돈을 요구한다고도 했다. 다행히 가족 단위로 움직이는 우리에게는 아무도 접근하지 않았지만 그래도 사람이 많아지자 신경이 예민해지고 있었다.

그러다가 성당 계단에 걸터앉아 야성미 넘치게 바게트를 뜯어 먹는 금발 청년을 보았다. 관광객들의 시선에 아랑곳하지 않고 자유로운 그를 보니 나도 마음에 여유가 생겼다. 조심만 하려고 온 건 아니지 않은가. 즐기자, 즐겨! 그러자 우리의 바게트가 생각났다. 파리에 온 후로는 매일 바게트와 크루아상을 사 먹었다. 그리고 일부는 비상식량으로 언제나 남편의 백팩에 들어있었다.

"우리도 바게트 먹자."

남편은 가방을 열고 미리 잘라 둔 빵을 꺼냈다. 그다음 같이 꺼낸 것이 있었으니 바로 '볶음 고추장'이었다. 처음에 남편이 이 조합을 말했을 때 우리는 "뭐야? 그게 어울려?" 하며 기함을 했다. 일단 한번 먹어보고 말하라는 그의 말에 떨떠름하게 볶음 고추장 묻은 바게트를 베어 물었는데…. 이후로 바게트는 볶음 고추장과 세트가 되었다. 상상 속에서 영 아닌 조합이라도 막상 해보면 다를 수 있다. 상상은 틀릴 때가 많다는 걸 또 한번 경험했다.

기념품 가게가 줄지어 있는 골목길은 한창 붐비는 시간대의 명동처럼 사람을 피해 다녀야 했다. 큰아이는 여행 가서 쓰라며 용돈을 준 내 친구에게 선물을 사드려야 한다며 가게 안으로 들어섰다.

"올 때 꼭 이모 선물도 사 와."

이 말은 용돈에 부담 갖지 말라는 뜻이었을 텐데, 딸아이는 선물을 사지 않으면 내내 마음에 둘 성격이었다. 결국 기다란 직사각형 모양의 냉장고 자석을 하나 골랐다. 아이는 그렇게 잊지 않고 약속을 지켰건만 나는 그 친구를 종종 만나면서도 매번 자석을 깜빡했다. 파리의 풍경을 담고 있는 그 기다란 자석은 아직도 어느 서랍 속에서 주인을 만나지 못하고 있다.

'몽마르트르 언덕' 하면 자연스럽게 빵떡 모자를 쓴 화가가 떠오른다. ('베레모'라는 본래 명칭보다 빵떡 모자가 더 친근하지 않은가?) 북적이는 사람들 틈으로 고개를 빼꼼 들이밀어 작품 활동 중인 화가와 그림들을 봤다. 번듯한 건물에 전시되지 않았다고 해서 그림의 수준이 떨어지는 것은 아니다. 너무도 다른 풍의 그림과 다양한 재료들, 작은 액자부터 부담스러울 만큼 커다란 그림까지 오래오래 보고 싶은 작품들이 많았다. 사고 싶은 마음도 굴뚝 같았지만 우리 집은 미니멀리즘과는 거리가 먼, 다시 말해 어떤 멋진 작품을 가져다 놓아도 가치를 높여줄 여백이 없는 곳임을 알기에 군침만 삼킬 뿐이었다.

"여기에서 그림을 그리고 팔려면 어떤 자격 같은 게 필요할까? 자릿세를 내는 걸까? 자릿세를 낸다 해도 실력이 없으면 안 될 거 같은데…."

그림에 문외한이다 보니 이런 일차원적인 궁금증만 떠올랐다.

작은아이는 비둘기가 기억에 남는다고 했다. 바짝 다가가도 도망가지 않던 비둘기 떼가 신기했나? 우리가 '닭둘기'라고 불렀던 마로니에 공원의 비둘기에 비해 아주 날씬하다며 비둘기 떼 사이로 걸어 다니더니 기억에 남았나 보다.

내려올 때는 푸니쿨라를 타지 않고 골목길을 걸었다. '작은 그림이라도 하나 살 걸 그랬나?' 내려오는 길에 살짝 후회가 되었지만 돌아와 우리 집을 보니 음… 역시 좋은 그림은 여백이 만드는 것임을 더욱 확신하게 되었다.

미술관, 미술관, 미술관

패키지여행이었다면 발 도장만 찍고 지나갔을 장소도 우리는 자유여행이었으니 천천히 보고 싶었다. 루브르 박물관Louvre Museum 하나만 해도 제대로 보려면 몇 달은 걸린다고 하던데 안으로 들어가니 정말로 무엇부터 봐야 할지 고민이 되었다.

'그래도 〈모나리자〉를 안 보면 섭섭하겠지?' 생각하며 부지런히 발걸음을 옮겼다. 아마 다녀온 사람이라면 모두 공감할 것이다. 그녀는 가까이하기엔 너무 먼 존재였다. 도난 위험도 있고, 실제로 도난당한 적도 있다고 하니 이해는 하지만 정말

해도 해도 너무했다. 시력이 5.0이라는 몽골인들이나 볼 수 있으려나. 자그마한 액자에 담긴 모나리자는 관람선에서 너무 멀리 떨어져 있어 정말로 모호한 미소를 띠고 있는지, 눈썹이 있는지 없는지조차 알 수 없었다. 지금은 장소를 옮겨 정해진 예약 인원만, 그마저도 1시간 이상은 기다려야 볼 수 있다고 한다.

오히려 〈모나리자〉를 벗어나니 눈이 번쩍 뜨였다. 사방에, 심지어 천장까지 어마어마한 작품들이 널리고 널렸으니 말이다. 절대적인 미美는 아무것도 모르는 사람마저 감동시키는 모양이다. 어디선가 본 듯한 작품이 나오면 괜히 아는 척하며 더 들여다보고 반가워도 해보았다. 〈나폴레옹의 대관식〉 앞을 지나갈 때는 어느 여행사의 한국인 가이드가 어찌나 재미있게 설명을 하는지 나도 모르게 멈추어 서서 끝까지 다 듣기도 했다.

"유명한 작품들이 여기 다 있네. 이렇게 큰 박물관이 왜 여기에만 있어?"

신기해서라기보다는 걸어도 걸어도 끝이 없으니 힘들어서 나온 질문이었을 것이다.

"여기도 그렇고, 영국의 대영 박물관도 그렇고, 자기네 나라 작품도 있지만 침략했을 때 다른 나라에서 가져온 것들이 더 많지."

"그럼 훔친 거야? 다른 나라 것인데 왜 돌려주지 않아?"

"맞아. 돌려줘야 하는데 이렇게 많은 사람이 와서 돈 내고 구경하는데 돌려주고 싶겠니? 일본도 우리나라의 보물, 유물들을 많이 가져갔는데."

"아, 그런 게 어딨어? 너무하잖아!"

"그래서 문화재를 빼앗긴 나라들이 자기네 문화재를 돌려달라고 지금도 계속 요구하고 있어. 그리고 아주 가끔은 돌려받기도 해."

온갖 작품이 모여 있는 거대한 박물관에 놀라면서도 한편으로는 씁쓸한 기분이 들었다.

실내를 벗어나 밖으로 나오니 파란 하늘에 표백제로 세탁한 듯한 새하얀 구름이 떠 있었다. 그 멋진 하늘을 배경으로 '피라미드 잡기' 사진을 찍었다. 손가락으로 피라미드 꼭짓점을 잡는 것처럼 찍으려면 찍는 사람은 뒤로 물러나 바짝 몸을 낮추어야 한다. 위치를 여러 번 조정하며 찍다 보니 아주 그럴듯한 몇몇 컷이 나왔다. 우리에게 그 사진은 제대로 볼 수 없었던 루브르의 모나리자보다 더 멋진 작품이다.

루브르 박물관에서 고대 미술을, 퐁피두 현대 미술관에서 현대 미술을 볼 수 있다면 오르세 미술관Orsay Museum에서는 그 중간 시기에 만들어진 작품들을 볼 수 있다. 기차역을 개조해 만든 미술관이라 개방감이 느껴졌다. 커다란 시계탑을 통해 보이는 바깥 풍경도 하나의 작품 같았다.

아이들과 함께 가기엔 루브르 박물관보다는 오르세 박물관이 더 좋을지도 모르겠다. 모네, 고흐, 마네, 고갱, 세잔, 드가 등 익숙한 화가와 아는 작품들이 생각보다 많고 너무 크지도, 작지도 않은 딱 적당한 규모다. 거기서 로댕의 〈생각하는 사람〉이 〈지옥의 문〉의 일부라는 것도 알게 되었다. 항상 커다란 작품만 보다가 〈지옥의 문〉에 있는 걸 보니 미니어처처럼 보였다. 늘 궁금했는데 왜 그렇게 힘들게 오른쪽 팔을 왼쪽 무릎에 괴고 있는지 모를 일이다. 살면서 그런 자세로 고뇌에 빠진 사람을 본 적이 없다며, 저런 자세로 있으니 머리가 복잡해지는 거 아닐까 하며 웃었던 기억이 난다.

루브르에서는 〈모나리자〉를, 오르세에서는 〈생각하는 사람〉을 보고 작품 크기에 "에개!" 하고 실망했다면, 오랑주리 미술관Orangerie Museum에서는 "어마마!" 하고 작품의 실제 크기에 놀라게 된다. 오랑주리 미술관은 원래 우리 동선에 없었다. 그런데 튈르리 정원Tuileries Garden을 지나 개선문으로 가는 길에 표지판이 보였고, 꼭 가봐야 한다고 누군가 속삭이는 것처럼 우리를 끌어당겼다.

벽을 가로지르는 대작이 한두 개가 아니었다. 가까이 다가가면 작품이 한눈에 들어오질 않으니 멀찍이 떨어져서 감상하라고 전시실 한가운데에 의자를 놓아두었나 보다. 앉아서 그림을 가만히 보고 있자니 뭐라 형용할 수 없는 감동이 밀려왔다.

"이건 꼭 직접 봐야 해!"

도록이나 책으로는 감동이 제대로 전달되지 않는 작품들이다. 물론 다리가 아파 쉬고 싶은 마음도 약간은 있었지만 시간만 허락한다면 멍 때리면서 한두 시간쯤 그림만 하염없이 바라보고 싶은 생각이 간절했다. 규모는 작았으나 모네의 그림은 거대하게 다가온 오랑주리 미술관이었다. 남은 일정이 빠듯해 서둘러 자리를 뜬 것이 못내 아쉽다.

소매치기를 목격하다

여권이나 지갑을 넣은 크로스백은 항상 몸 앞쪽에 두었고 식당에 가서도 꼭 어깨에 멘 채 무릎 위에 올려놓았다. 파리에는 소매치기가 많다는 말을 수차례 들었기 때문이다. 파리 시민 모두를 잠재적 소매치기로 여기는 게 조금 미안했지만 우리는 스스로 조심하는 수밖에 없는 관광객이었다.

하루는 두고 나온 것이 생각나 호텔에 다시 들어갔다 나온 적이 있다. 나오면서 보니 어떤 아주머니가 문 앞에서 기다리고 있는 남편의 백팩을 가리키며 뭐라고 말하고 가는 것이다.

"무슨 일이야? 뭐라고 그러는 거야?"

"소매치기 조심하라고 그러는 거 같은데."

그러자 아이들이 말했다.

"저 아줌마가 'Pick pocket! Pick pocket!'이라고 했어."

아마 나를 기다리며 멍하니 서 있는 남편의 가방을 누군가 건드렸던 모양이고, 그것을 본 행인이 알려준 것 같았다. 주로 물이나 간식, 여벌 옷 등을 넣은 가방이라 중요한 물건은 없었지만, 앞주머니가 조금 열린 것을 보니 소름이 돋았다. 방심하고 있다가 순식간에 당할 수도 있었다.

그러다 소매치기 현장을 실제로 목격하는 일이 발생했다. 우리는 지하철을 타고 이동 중이었고 일본인 일행이 출입문 쪽에서 대화를 나누고 있었다. 그런데 갑자기 일본인 할아버지가 외마디 비명을 지르며 닫히는 문틈으로 빠져나가는 한 남자의 옷자락을 그러잡았다. 문이 덜컹거리며 그 남자를 조일 때 어떤 사람이 할아버지를 안으로 끌어당겼고 소매치기로 보이는 남자는 빠져나가고 말았다.

문이 닫히고 열차가 출발하자 할아버지는 그가 목에 걸고 있던 카메라를 가져갔다며 동동거렸고 일행과 함께 다음 정거장에 내리려는 듯 보였다. 그때 남자 두 명이 다가가 말을 걸었다. 그들은 할아버지를 붙잡고 '어디까지 가려 했느냐. 신고할 거면 여기서 내리지 말고 몇 정거장 가서 어느 역에 내리는 것이 낫다. 울랄라, 울랄라' 하며 혼을 쏙 빼놓고 있었다. 여간 이상한 게 아니었다. 한 명은 시종일관 과장된 표정으로 '울~랄라!'를 외쳐댔는데 처음엔 여자라고 생각했을 정도로 짙은 화장에 요란한 액세서리를 하고 있었다.

그들이 한패라는 걸 그 칸에 타고 있던 파리 시민들의 표정으로 알 수 있었다. 고개를 절레절레 흔들며 한숨을 푹 쉬는 사람들. 그들을 노려보는 사람들. 그러고 보니 아까 할아버지가 따라 내리지 못하도록 붙잡은 것도 그들이었다. 그들은 한참 뒤에 있는 어느 정거장 이름을 대며 거기서 신고하라고 말하고는 혼이 쏙 빠진 할아버지와 일행을 남겨둔 채 두어 정거장 뒤에 내렸다. 그들을 유심히 지켜보던 우리는 다시 한번 소름이 돋았다. 그들이 열차의 뒷칸으로 다시 탔기 때문이다. 다음 대상을 물색하는 것인지, 아니면 일본인들의 동선을 확인하려는 것인지 모르겠지만 정상적인 행동이 아닌 것만은 분명했다.

"엄마, 무서워. 근데 왜 말을 걸고 도와주는 척했을까?"

"글쎄? 바로 내려서 신고하지 못하게 하려고 그런 거 아닐까? 소매치기가 도망갈 시간을 벌어주려고?"

바로 앞에서 벌어진 일이라 지금도 여장 남자의 기묘한 얼굴이 생생하게 떠오른다. 여행 중 이런 일을 겪고 나니 나중에 아이들이 혼자 여행을 다니게 되더라도 귀중품은 확실하게 관리하지 않을까 하는 생각이 들었다. 이번엔 우리가 아니었지만 누구에게나 일어날 수 있는 일이라는 걸 아이들도 똑똑히 알았을 테니까.

이가 없으면 잇몸으로

파리에 도착한 건 토요일 밤. 그날은 짐만 풀고 푹 자면 되는 거였다. 대충 짐을 꺼내고 양치를 하려고 보니 치약이 보이지 않았다. 많고 많은 준비물 중에 어째서 매일 써야 하는 치약을 빠뜨린 걸까. 호텔 직원에게 물어보니 바로 앞 건물에 마트가 있다고 알려주었다. 도로 하나만 건너면 된다고. 다행이라고 생각하며 발걸음을 옮겼는데 너무 늦은 시간이었는지 문이 닫혀 있었다. 양치를 안 하고 그냥 자려니 찝찝했다. 그때 남편이 "소금 싸 오지 않았어? 그걸로 양치하면 되지"라고 하는 게 아닌가. 간단한 부엌이 있는 호텔이었기에 우리는 소금도 조금 가져갔었다.

소금으로 어떻게 양치를 하냐며 투덜대는 아이들에게 칫솔 위에 소금을 조금 얹고 양치하는 모습을 보여주었다.

"치약이 생긴 건 얼마 되지 않았어. 그전에는 다 소금으로 했단 말이지. 정말이라니까!"

호기롭게 말했지만 나도 소금으로 양치를 한 건 처음이었다. 그런데 소금으로 칫솔질을 하고 입을 헹구어 보니 어찌나 개운하던지. 혀로 치아를 훑어보아도 뽀드득, 치약보다 못할 게 전혀 없었다.

그렇게 그날 저녁과 다음 날 아침은 소금으로 양치를 했다. 예기치 못한 일이 벌어졌지만 아무 문제도 없었다. 오히려 소금이 꽤나 괜찮은 치약이라는 사실을 알게 되었을 뿐이다.

디즈니랜드에 가는 날은 아침 일찍 일어나 김밥을 쌌다. 놀이기구를 하나라도 더 타려면 식당을 이용하기보다는 김밥을 싸 가는 게 시간을 버는 길이라 생각했기 때문이다. 그런데 남편이 밥과 김치, 김도 가져가자고 하는 것이 아닌가. 아이들이 분명 좋아할 거라고 장담을 했다. 평소에도 김치를 그다지 즐겨 먹는 아이들이 아닌데 무슨 소리냐고 타박했지만 남편은 모르는 일이니 일단 싸 가자고 주장했다. 탐탁지 않았지만 김밥과 함께 밥과 김치도 가방에 넣었다.

아침 일찍부터 서둘러 나간 탓에 배는 금방 고파왔고 한적한 곳이 보여 가보니 우리처럼 피크닉 가방을 들고 온 사람들이 바닥에 앉아 점심을 먹고 있었다. 우리만 도시락을 먹는 건 아니었구나, 살짝 안심이 되었다. 그런데 가방에서 도시락을 꺼내 펼쳐 놓고 보니 젓가락과 수저가 보이지 않았다. 언제나 사소하지만 결정적인 것을 잊어버리는 나의 못된 버릇이 그날도 나온 것이다. 김밥만 먹으면 모르겠지만 맨밥도 있으니 수저는 꼭 있어야 했다. 우리 넷은 누가 누가 더 허망한가 대회라도 하듯 서로를 바라보았다.

"좋은 생각이 있어."

남편이 김밥을 쌌던 쿠킹 포일을 꾸깃꾸깃 접기 시작했다. 평소 똥손이다 못해 망손인 남편은 수저라고 우기니 수저인가 보다 싶은 요상한 도구를 만들었다. 다행히 얼핏 보기에는 이상하지 않은 모양새로 밥을 먹을 수 있었다.

아이들과 함께 하는 시간이 훨씬 더 많은 내가 당연히 남편보다 아이들에 대해서 더 잘 알아야 할 것 같은데, 의외로 남편의 촉이 더 잘 맞아떨어질 때가 많다. 어떤 논리가 있는 것도 아니다. 그냥 우리 애들이 좋아할 것 같다는 이유만으로 고르면 희한하게 아이들이 그걸 더 좋아한다. 마트에서 과자를 고를 때도 내가 고개를 절레절레 젓는 것을 남편이 우겨서 사면 아이들이 그것만 먹는 식이다. 아마도 내가 어른의 입장에서 아이들에게 필요한 것을 고른다면 남편은 아이들의 입장이 되어 고르기 때문일지도 모르겠다. 맨밥과 김치도 그랬다. 오히려 김밥보다 인기가 많아 맨밥을 다 먹자 아쉬워하기까지 했다. 쿠킹 포일 수저는 간신히 임무를 마치고는 너덜너덜해져 수명을 다했다.

완벽하게 갖추면 여행이 편하다. 그러나 편한 여행은 재미가 없다. 이가 없을 때 잇몸으로 먹어보면 색다르고 낯설고 흥미로운 법이다. 그렇지만 나는 다음 여행을 위해 준비물을 적고, 확인하고, 혹시라도 빠진 게 없는지 살펴보는 일을 게을리하지 않는다. 어쩌다 한 번이지, 계속 잇몸으로 먹는 게 즐거울 리는 없으니까. 그럼에도 불구하고 나는 여전히 꼭 하나씩 빠뜨리고 있다. 오답 노트를 아무리 반복해도 계속 틀리는 아이처럼.

너는 그렇구나, 나는 이래

오래전 《나는 빠리의 택시운전사》라는 책을 읽은 적이 있다. 여행 책자도 아니고 최근에 나온 신간도 아니지만 파리라는 곳이 '똘레랑스'의 도시라는 걸 확실하게 알려준 책이다. 얼마든지 토론하되 다른 생각을 쿨하게 인정하는 곳. 파리에 가면 정말 그것을 느낄 수 있을지 몹시 궁금했다. 게다가 '똘레랑스'라는 어감이 동글동글하면서 세련된 것 같기도 하고 귀엽기도 해서 단어가 주는 묘한 설렘이 있었다.

똘레랑스를 한눈에 보여준 곳은 정원이다. 걷고 또 걷다 보면 중간중간 만나게 되는 정원들이 그렇게 반가울 수가 없다. 잔디가 보이면 그냥 누워도 되고, 아무렇게나 놓여 있는 의자를 끌어다 앉을 수도 있고, 잠깐씩 졸다 가기에도 좋았다. 화단에는 비슷한 색이나 같은 종끼리 모아서 심는 우리식 꽃밭과 달리 여러 종류의 꽃이 마구 뒤섞여 있었다. 길고 짧은 것, 크고 작은 것, 다양한 색을 가진 꽃들이 섞여 있는데 신기하게도 전혀 산만해 보이지 않았다. 오히려 무척 조화롭고 안정감 있게 보였다.

아, 저런 게 똘레랑스구나! 다르지만 함께 할 수 있는 것. 달라서 오히려 화려한 것. 서로를 인정할 때 더욱 보기 좋은 것. 주변 사람과 비슷해야만 안심을 하는 우리와는 많이 다르다고 생각했다.

파리의 꽃밭을 보니 문득 교실이 생각났다. 각기 다른 아이들이 모여 각각의 재능과 서로 다른 취향을 존중받을 때 아이들은 하나같이 모두 예쁘다. 모두가 똑같은 아이들만 있다면 아무도 예쁘지 않을 것이다.

"우리도 이랬으면 좋겠다"라고 했더니 남편이 말했다.

"여긴 우리나라처럼 사계절 기온 차이가 심하지 않잖아. 우리나라에서 저렇게 심어 놓으면 계절마다 군데군데 죽는 꽃이

생겨서 더 보기 안 좋을걸."

아, 그렇구나. 아무리 부러워도 상황을 고려하지 않고 무조건 가져다 쓸 수는 없는 거구나. 조금 아쉬웠다.

옷차림 역시 참 흥미로웠다. 그때가 7월 말이었으니 아무리 유럽이라 해도 낮에는 땀이 날 정도의 날씨였는데 사람들의 옷차림은 민소매부터 시작해서 겨울 패딩까지 제각각이었다. 옷의 소재나 두께가 다름은 물론 '지금은 이런 게 유행이구나' 할 만한 것을 하나도 찾아볼 수 없었다. 자신의 개성이나 기호에 따라서만 옷을 선택할 뿐 남의 시선을 의식한 치장은 아니었다.

아기 발만 내놓고 지나가도 '아휴~ 아기 감기 걸리겠네' 따위의 타박을 들으며 순식간에 무개념 엄마가 되고, 딸만 둘이라는 이유만으로 생면부지 사람에게 '아들은 하나 있어야지' 류의 훈계를 듣는 오지랖의 태평양에서 살다 보니 타인의 시선에서 자유롭기가 여간 어려운 게 아니다. 그래서 한국 문화와 밀접하게 붙어 다니는 단어가 '유행'이 아닐까. 외국인들은 우리나라 할머니들의 헤어스타일이 하나같이 똑같아서 웃기다고 말한다. 여고생들도 똑같은 앞머리에 안경테도 비슷비슷하다. 내가 학교 다닐 때 더듬이 앞머리에 청재킷, 잠자리 안경테가 유행이었다면 내 딸들 또래는 겨울이면 모두 긴 패딩으로 애벌레가 되고, 봄, 가을이면 후드 집업이나 꼬불 양털 점퍼로 개성을 덮는다.

선진국이라 하여 무조건 좋게 볼 필요는 없지만 신선하게 다가온 다른 문화는 틀에 갇힌 사고에 실금을 그어 새로운 바람을 넣어준다. 우물 안 개구리에게 이제 탈출해야 한다고 속삭인다. 어쩌면 나의 고유한 문화와 더불어 새로운 문화를 이해하는 것, 그래서 더 좋은 문화를 만들어 가는 것 역시 똘레랑스라 할 수 있을 것이다.

국제 미아 될 뻔

베르사유 궁전과 디즈니랜드를 놓고 마지막까지 고민하다가 결국 디즈니랜드로 결정했다. 아이들 위주로만 다닐 수는 없지만 아이들이 흥미를 느끼지 못하면 힘이 드는 게 사실이다. 가끔은 "너희들은 앞으로도 기회가 많지만 엄마, 아빠는 아닐지도 모르잖아"라는 볼멘소리가 튀어나오기도 했다. 해외여행은커녕 국내 여행도 별로 다니지 못했던 나는 내 아이들이 부러웠고, '내 위주로 다니면 좀 어때서?' 하고 어리광도 부리고 싶었다. 그럼에도 나는 아이들이 웃으면 행복하고, 아이들이 재미있다고 말하면 광대가 올라가는 어쩔 수 없는 엄마였다. 그러므로 디즈니랜드는 부모의 희생으로 가는 곳이라고 생각했다. 그런데 내가 마치 어린아이가 된 것처럼 너무나 신났다. 그곳은 아이와 어른, 모두를 뛰어다니게 만드는 놀이동산이었다.

셔틀버스를 타고 개장 시간 전 미리 도착해 기다리면서 무엇부터 탈까, 어디부터 돌아볼까 안내지도를 보고 연구했다. 그러나 문이 열리자 마치 수문이 열린 댐처럼 사람 물결이 쫙 갈라지며 모두 내달리기 시작했다. 우리가 가기로 한 길인지 아닌지도 모른 채 얼떨결에 마구 따라 달렸다.

"우리 왜 뛰는 거야? 어디로 가는 거야?"

"몰라, 일단 뛰어!"

디즈니랜드는 모든 공간에 스토리가 있다. 각각의 놀이기구에 이야기를 부여하고 우리는 그 이야기의 일부가 된다. 기다리는 중에도 읽고 보고 들을 것들이 계속해서 이어지니 한 순간도 지루할 새가 없었다. 게다가 출발 전 안전점검을 하는 우리나라 놀이기구와 달리 타자마자 슝~ 출발이다. 어찌나 회전율이 빠른 지 아무리 줄이 길어도 정체 없이 계속 앞으로 나아가게 된다.

점검도 하지 않는데 사고가 나지는 않을지 걱정했지만 앉자마자 출발하는 놀이기구의 매력은 치명적이었다. 스타워즈 속 우주로 빨려 들어가는 것 같은 하이퍼스페이스 마운틴을 타고 나서 아이들은 "한 번 더!"를 외쳤다. 재미있긴 했지만 두 번은 타고 싶지 않았던 남편과 나는 아이들만 다시 줄에 세웠다.

'이 정도면 20분은 걸리겠지?' 휴식도 취할 겸 출구 앞에서 여유 있게 기다리고 있었다. '나올 때가 되었는데…' 나는 출구 쪽으로 고개를 쑥 빼고 눈에 익은 실루엣이 있는지 두리번거렸다. 그때 한 여자가 다가오더니 혹시 아이들을 기다리고 있냐고, 출구가 다른 곳에도 있는 걸 아느냐고 걱정하듯 물었다. 남편과 나는 순간 얼음이 되었다. 출구에 엄마, 아빠가 없는 걸 알고 아이들이 얼마나 놀랄지 가슴이 쿵 내려앉았다. 바이킹을 타도 이렇게 아찔하진 않겠지. 출구가 두 개일 거라고 누가 상상이나 할 수 있었을까.

남편은 다른 출구를 찾아 정신없이 뛰기 시작했고 나는 그 자리에 서서 아이들이 나올까 출구에서 눈을 떼지 못했다. 입이 바싹 말랐다. 한참 뒤 놀이기구 뒤편에서 남편과 아이들이 걸어오는 것이 보였다. 국제 미아가 될 수도 있었는데 생글생글 웃고 있는 얼굴이라니.

"엄마, 뭘 그렇게 놀랐어. 엄마, 아빠가 없으면 당연히 우리가 그 자리에서 기다렸겠지."

이제 아이들도 더 이상 아기가 아니었다. 길을 잃었다 해도 영영 잃을 정도는 아닌 나이가 된 것이다. 옷깃에 이름표를 붙이지 않아도 되는 나이가.

디즈니랜드의 하이라이트는 폐장 직전의 불꽃놀이라는데 6시에 출발하는 셔틀버스 때문에 어쩔 수 없이 보지 못하고 돌아와야 했다. 5시 30분쯤 버스 주차장으로 가기 시작했는데 가는 길에 사격장이 보였다. 한 번만 해보자고 했던 것이 하나 둘 맞추기 시작하니 욕심이 생겼다. 셔틀버스 시간은 점점 다가오는데 뛰어가면 된다며 모두 한통속이 되어 내 속을 태웠다. 아, 그 이후는 지금 생각해도 다리가 후들거린다.

학창 시절 이후 이런 전력 질주는 없었다. 주차장은 생각보다 너무 멀었고 달리고 달려도 시간 안에 도착하지 못할 듯했다. 입에서 단내가 나고 폐가 터지는 것 같았다. 앞서 달리는 남편과 아이들을 향해 손을 뻗으며 크게 외쳤다.

"나는 두고 먼저 가!"

물론 나를 버리고 가라는 게 아니라 가서 버스를 붙잡아 놓으라는 뜻이었지만 누가 봐도 그 장면은 폭탄이 떨어지는 전쟁터에서 부상을 당한 병사가 전우에게 하는 말이었다.

"알았어. 엄마 빨리 와!"

남편과 아이들의 모습이 저 멀리 사라지고 나는 후들거리는 하체와 헐떡이는 상체를 끌고 기다시피 버스에 도달했다. 1분 정도 늦었지만 버스가 아직 출발하지 않아서 얼마나 다행인지 모른다면서. 헐떡이던 숨이 거의 다 진정되었는데도 어쩐 일인지 버스는 출발하지 않았다. 5분, 10분, 15분 뒤에도 승객들은 느긋하게 걸어와 버스에 올라타고 있었다. 파리에도 코리안 타임이 있나? 죽어라 달린 게 억울했다. 셔틀버스를 놓친다고 돌아갈 방법이 없는 것도 아니었는데 왜 그렇게 달렸나 모르겠다.

"너희들이 그때 조금만 더 컸어도 불꽃놀이까지 봤을 텐데."

지금 이런 말을 하면 아이들은 그때도 폐장 시간까지 놀 수 있는 나이였다고 우긴다.

"음… 그건 지금 생각이지. 무리하면 그다음 날 어떻게 될지 안 봐도 뻔했는걸. 너희는 너희를 잘 안다고 생각하지만 너희 체력을 가장 잘 아는 사람은 엄마란다."

왜 당당하지 못했을까

크레파스에 하늘색이 없다면 우리는 과연 어떤 색으로 하늘을 표현해야 할까? 요즘 아이들은 회색이나 갈색이 섞인 흐리고 탁한 색을 하늘색으로 알고 있지는 않을까? 어릴 때나 보았던 새파란 하늘을 파리에서 만나니 그렇게 반가울 수가 없었다. 나도 모르게 고개가 자꾸만 뒤로 젖혀졌다. 그리고 강렬한 햇살. 모든 물체를, 칙칙한 사람마저 선명하고 산뜻하게 만드는 햇살이 7월의 파리를 더욱 아름답게 만들었다.

파리 시청사 앞은 때마침 간이 분무 터널이 가동되고 있었다. 한낮에 오래 걸었던 아이들은 분무 터널을 보자 신이 나서 들락거렸고 나는 그 모습을 흐뭇하게 바라보고 있었다. 한 중년 여성이 내 아이들이냐며 프랑스 억양의 영어로 말을 걸어왔다. 잠시 진부한 날씨 이야기가 오가고 그녀는 나에게 항상 궁금했던 거라며 '왜 동양인은, 특히 한국 사람은 햇빛을 그토록 싫어하고 피하는 거냐'고 물었다. 챙이 넓은 모자와 선글라스, 긴팔 카디건. 내 옷차림을 보고선 하는 질문 같았다.

그녀는 햇볕이 어떻게 비타민 D를 만들어주는지 열변을 토하고선 자신들은 틈만 나면 햇볕을 쬐는데 한국인들은 왜 가리고 다니느냐고, 혹시 햇볕이 좋다는 사실을 모르는 거냐고 물었다. 어떻게 반응해야 할지 몰라 알고 있다며 멋쩍게 웃었는데, 그녀가 자신의 일행인 흑인 남성을 가리키며 혹시 너희는 이 피부색이 안 좋다고 생각하느냐고 하는 게 아닌가. 정말 당혹스러웠다. 아니라고 손사래를 치면서 그녀에게 말했다.

"나도 햇빛 좋아한다. 그런데 한국의 여름은 너무 덥고, 햇볕을 너무 많이 쐬면 피부암이 생긴다."

내가 왜 이런 변명을 해야 하는지, 미소를 지어야 할지 정색을 해야 할지 헷갈렸다.

퐁피두 센터로 이동하면서 아이들이 아까 그 아줌마와 무슨 이야기를 나누었냐고 물었다. 이야기를 끝까지 다 들은 큰 아이가 말했다.

"근데 엄마, 엄마는 햇빛 알레르기가 있어서 가리고 다니는 거잖아."

오 마이 갓! 왜 그 생각을 못했을까? 내가 그렇게 가리고 다닌 이유는 햇빛에 조금만 오래 노출되어도 피부가 도돌도돌 빨갛게 올라오고 극심하게 가려워지는 '햇빛 알레르기' 때문이었는데! 내 개인의 답이 아니라 '한국인'의 답을 하려고 하니 생각이 꼬여 버렸나 보다.

"햇빛 알레르기가 있어요"라고 하면 되었던 것을. 왜 그때 내가 당당하지 못했는지 자꾸만 후회가 되었다. 다음에 또 이런 일이 있으면 "이게 내 스타일이야. 나는 이게 좋거든!", "너희가 한국의 한여름을 알아? 한국의 7, 8월을 안 겪어봤으면 말을 하지 말어"라고 해야겠다.

근데, 이런 말은 영어로 어떻게 하더라?

휴식도 여행의 일부

아침에 나가서 종일 돌아다니다 저녁을 먹고 숙소로 돌아오는 것이 파리에서의 하루 일과였다. 아이들이 초등학교 6학년, 4학년이라고 해도 체력적으로 결코 쉬운 일이 아니었다. 오후가 되면 다리도 아프고 피곤해서 쉬고 싶은 마음이 간절해졌는데 그럴 때마다 우리의 피로를 조금이나마 해소시켜 준 곳이 바로 파리의 공원들이다.

공원에는 잔디 위에 앉거나 누워서 휴식을 취하는 사람들이 많다. 살인 진드기 따위는 없는 건지 돗자리를 펴는 사람도

별로 없다. 내 집 마당처럼 편하게, 남의 시선 따위는 신경 쓰지 않고 그저 그렇게 누워서 햇살과 바람과 자유를 느낀다.

지금 생각하면 정말로 어처구니 없지만 에펠탑에 가지 않은 이유는 너무 '피곤해서' 였다.

"굳이 에펠탑에 올라갈 필요 있겠어? 어차피 개선문에서도, 몽마르트르 언덕에서도, 노트르담 대성당에서도 충분히 봤잖아? 그리고 에펠탑은 원래 멀리서 보는 게 더 멋진 거야. 그렇지 않아?"

그래서 에펠탑이 유난히 근사하게 찍힌다는 사요궁Palais de Chaillot 쪽으로 가서 사진을 찍었다. 바로 아래에는 트로카데로 정원Les Jardins du Trocadero이 있었는데 시원하게 뿜어나오는 분수가 멀리 보이는 에펠탑을 더 고급스럽게 받쳐주고 있었다. 에펠탑은 처음에는 흉물스럽다며 파리 시민들에게 천대를 받았다고 한다. 그러나 지금은 낮에는 푸른 하늘을 배경으로, 밤에는 스스로 빛을 내며 존재를 과시한다. 에펠탑은 처음이나 지금이나 변한 게 없는데 이젠 누가 뭐래도 파리의 대표 상징인 걸 보면 흉물스러움과 자랑스러움은 다 마음먹기에 달린 것이라는 걸 보여준 셈이다. 변한 건 사람들이다.

아래로 내려가 잔디밭에 벌러덩 누웠다. 신발도 벗고, 양말도 벗고, 모두 발을 높이 들어 여덟 개의 발로 장난기 가득한 사진도 찍고, 앉아서 과자도 먹고, 아주 짧은 순간이지만 남편은 깊은 단잠에 빠지기도 했다. 아이들은 사진기로 아빠의 자는 모습, 아빠의 콧구멍 등을 찍으며 킥킥댔고, 에펠탑을 배경으로 그런 모습을 보고 있자니 여행이란 특별한 것이 아니라 평범한 생활의 연장이라는 생각이 들었다.

빨간 벽돌 건물이 마치 경호하는 것처럼 둘러싸고 있는 보쥬 광장에서도 잔디밭에 털썩 주저앉았다. 서로의 다리도 주물러주고, 물도 마시고, 오면서 산 마카롱도 꺼내 먹었다.

"엄마, 왜 네 개만 샀어. 너무 맛있잖아. 더 샀어야지."

마카롱은 입이 아니라 눈으로 먹는 과자인 줄 알았는데 이 불량식품처럼 보이는 알록달록한 과자가 이렇게 달고 맛있을 줄이야. 이후로도 여러 번 이런저런 마카롱을 먹어봤지만, 아이들은 여전히 파리에서 먹은 것이 최고였다고 말한다. 마카롱을 먹고 나서 분수로 총총 뛰어가는 작은아이가 참 귀엽다고 생각한 오후였다.

가장 맘에 들었던 곳은 뤽상부르 공원Luxembourg Gardens이었다. 너무나 커서 전부 둘러볼 수는 없었지만, 현지 사람들이 찾

아와 편안하게 쉬었다가 가는 곳이었다. 붙박이 벤치 대신 일인용 알루미늄 의자가 여기저기 아무렇게나 놓여 있었다. 사람들은 장발장과 코제트처럼 한적한 오솔길을 걷다가 의자에 앉아서 쉬기도 한다. 나란히 또는 마주보고, 가까이 혹은 멀리, 누구든 자신이 앉고 싶은 방향으로 끌어다 놓고 앉으면 된다.

이 자유로움이 너무나 좋았다. 그렇게 의자에 앉아 쉬고 있자니 커피가 생각났다. 매점 같은 곳이 보여 혹시나 하고 갔는데 역시나 커피는 없었고 대신 캔맥주가 눈에 띄었다. 꼭지를 딱 따서 마시는데, 정신이 번쩍 들 정도로 시원했다. 술이 맛있다고 생각해 본 적이 한 번도 없었는데 그날의 맥주는 진짜 맛있었다.

"뭐 하는 거야?"

작은아이가 쪼그리고 앉아 갑자기 흙을 파기 시작했다.

"여기 무슨 씨앗 같은 게 있어서 땅에 심어 보려고. 근데 이

거 자랄까?”

“여기까지 와서 농사짓는 거야?”

작은아이는 국내 여행이든 해외여행이든 우리가 어딜 갔는지, 무엇을 보았는지 기억에 담아 두지 않는다. 큰아이는 어딜 가든 멀리 보길 좋아하고, 작은아이는 땅을 본다. 큰아이는 풍경을 보며 감동을 받고, 작은아이는 체험이나 행위 자체에 재미를 느낀다. 그래서 이 아이에게는 뤽상부르 공원의 멋진 풍경은 안중에 없고 다만 땅에 씨를 심으면 자라는지가 더 중요한 관심사인 것이다.

지금도 작은아이는 ‘뤽상부르 공원’이라고 하면 어딘지 못 알아듣고 ‘네가 농사지었던 공원 있잖아’라고 해야 기억을 한다. 나에게 뤽상부르 공원이 ‘하이네켄 마신 곳’으로 기억되는 것처럼. 돌아와서도 가끔 그 맥주를 마셨다. 그때만큼 맛있지는 않지만 그래도 가끔 마시는 이유는 함께 떠오르는 기억들 때문일 것이다. 뤽상부르 공원의 한가로움, 회복, 자유로움 그리고 알루미늄 의자에 기대앉은 나.

마지막 장 같은 여유

여행 마지막 날이었다. 어딜 가야 이번 여행을 알차게 마무리할 수 있을까 고민하다가 여행 책자에서도 거의 뒷부분에 한 장 정도만 나오는 곳, 뱅센느 숲Bois de Vincennes에 가기로 했다. 파리는 중심부부터 시작해 달팽이 모양으로 1구역부터 20구역까지 나뉘어 있는데 뱅센느 공원은 동쪽 가장자리 12구역에 위치해 있다. 지하철역 밖으로 나오니 돌길과 옛 건물들을 그대로 유지하고 있는 파리 중심부와는 달리 단정하면서도 복잡한 모던한 느낌의 거리가 나왔다.

공원 안으로 들어서자 아늑하고 편안해져 나도 모르게 걸음이 느려졌다. 산림욕을 하는 기분이었다. '딱 좋아!' 만족감에 젖어 있는데 작은아이가 갑자기 화장실을 찾았다. 공원인데 설마 화장실이 없을까 부지런히 걷다가 마침내 간이 화장실을 발견했는데 도저히 아이에게 들어가라고 할 수 없을 정도로 험악했다.

"어떻게 하지?"

언제나 출발 전에 화장실에 들르는 걸 철칙으로 하고 있었지만 생리 현상은 조절 가능한 게 아니다.

"저기 건너편에 보이는 거 동물원 아니야? 동물원이니까 화장실이 있지 않을까?"

용케 남편이 길 건너에 있는 동물원을 발견했다. 동물원에 갈 생각도 안 했고 근처에 동물원이 있는지도 몰랐었지만 이왕 이렇게 된 거 동물원 구경도 나쁘지 않을 것 같았다.

유치원에서 야외 학습을 나온 꼬꼬마들과 가족 단위의 관람객들, 그사이에 끼어 표를 사고 입장을 했다. 급한대로 화장실부터 들른 뒤 개운하게 동물원을 둘러보았다. 아이들도 부담스럽지 않게 둘러볼 수 있는 크기였다. 얼떨결에 입장권을 끊었던 것처럼 얼떨결에 아이들 손에 들린 부엉이 인형을 결제하고 있는 나.

우리는 다시 뱅센느 숲으로 돌아갔다. 호숫가 잔디에는 남녀를 막론하고 상의를 벗은 채 누워있는 사람들이 군데군데 있었다. 의연한 척하려 했지만 눈길을 주는 나도, 보지 않으려 애쓰는 나도 자연스럽지 못했다.

"안 부끄러울까?"

아이들의 눈에도 희한한 광경이었나 보다.

"서로가 이상하다고 생각하지 않으니까 괜찮은 거겠지?"

고개를 갸웃하면서도 사람들의 생각과 기준이 문화에 따라

다르다는 것을 아이들도 조금은 알게 되었다.

오리와 물새들이 떠다니는 호수에 배를 띄웠다. 사공은 당연히 남편이다. 우리가 시원한 바람과 청량한 하늘과 푸르른 숲을 보며 자유를 만끽할 때 남편은 열심히 두 팔로 노를 저었다. 딸들이 아빠의 이런 모습을 오래오래 기억했으면 한다. 언제나 땀 흘리며 노를 젓는 아빠가 있음을, 억울해하지 않고 기꺼이 많은 것을 감내하고 있음을 잊지 말고 꼭 기억해주었으면 좋겠다.

호수 가운데 있는 작은 섬을 한 바퀴 돌았다. 오리 떼 가까이 다가가 보기도 하고 섬의 가장자리로도 가보고 노 젓는 걸 멈추고 한동안 쉬기도 했다. 파리에서의 숨 가빴던 일정이 평화롭게 마무리되고 있었다.

돌아와서도 뱅센느 숲이 자꾸만 생각났다. 파리 여행 중 제일 좋았던 곳이지만 어떤 점이 좋았냐고 묻는다면 표현하기가 어렵다. 여행 책자에 올리라고 하면 역시 사진 한 장과 짧은 문장 몇 줄이 되겠지. 감정의 크기는 정보의 양과 비례하지 않는다. 뱅센느 숲이 알려준 깨달음이다.

허무 시리즈

#1.

파리까지 가서 아침밥을 한다고 주변 사람들에게 핀잔을 들었다. 점심, 저녁은 밖에서 양식을 먹게 될 텐데 그러면 아이들이 분명 한식을 찾으리라 생각했고 어차피 많이 먹지도 않을 텐데 호텔 조식은 아무리 생각해도 아까웠다. 간단하게 끼니만 때우면 되는 것이어서 햇반과 김치, 컵라면, 김, 통조림 반찬 등을 몇 개씩 챙겼고, 파리에 있는 한인 마트 위치도 알아두었다. 가져간 음식이 똑 떨어져 중간에 한인 마트에 들렀었는데 지하철을 갈아타고도 한참 걸어야 해서 많이 살 수는 없었다. 해외에 나가면 언제나 한식이 그립다. 둘째 날만 되어도 햇반 말고 진짜 밥이 먹고 싶다. 그러나 우리가 짜 놓은 여행 동선에 한인 식당은 없었고, 굳이 찾아가자니 시간이 아까워 포기한 상태였다.

돌아오기 바로 전날, 호텔 뒤쪽으로는 뭐가 있는지 한번 둘러보기로 했다. 지하철역 쪽으로만 움직였지 뒤쪽으로는 안 가봤기 때문에 산책 겸 걸어볼 생각이었다. 100미터쯤 걸었을까? 오른쪽으로 고개를 돌린 순간 골목길에 한인 식당 간판이 딱! 게다가 그 맞은편엔 작은 한인 마트가 딱!

"아니, 이걸 이제서야 보다니! 한인 식당, 한인 마트가 코앞에 있는 줄도 모르고. 아~악! 너무해!"

우연히 발견한 기쁨도 있었지만, 등잔 밑이 어두웠던 상황에 이마를 치고 뒷목을 잡았다. 다행히 저녁 식사 전이었던 우리는 그 한인 식당에서 맛있는 '우리' 음식을 배가 터지도록 먹었다.

"앞으로는 숙소에 도착하면 무조건 그 주위부터 돌아보자. 꼭!"

#2.

여름이라 매일 옷을 갈아입어야 하니 짐을 줄이기 위해 세탁실이 있는 호텔을 골랐다. 카운터에서 세탁기용 코인을 구입한 뒤 지하에 있는 세탁실에 갔는데 어디에도 세제가 보이지 않았다. 혹시나 해서 세탁 세제를 따로 챙겨 간 스스로를 칭찬하며 세탁기에 세제를 넣고 돌렸다. 드디어 건조가 끝나고 세탁물을 꺼냈는데 세제 냄새가 지독하게 나고 뭔가 찝찝한 느낌이 들었다. 그제서야 안내문을 읽어보니 세제가 저절로 투하되는 세탁기였다. 그러니까 세제를 두 배로 넣어버린 것이다. 하… 이렇게 한심한 짓을 하다니. 세탁 코인을 다시 사자니 창피하고, 큰돈은 아니지만 그 돈을 또 쓰자니 화가 났다. 찝찝하긴 했지만 겉옷은 그냥 입기로 했고 속옷은 화장실에서 다시 빨았다. 나의 부주의함에 화풀이하듯 첨벙첨벙 옷을 거칠게 헹구면서 중얼거렸다.

"아, 멍청해! 멍청해~!"

#3.

치약을 안 챙겨가 소금으로 양치를 하면서 다음날이면 바로 앞에 있는 마트가 문을 열거라 생각했다. 그런데 다음날 가

보니 옷이나 가방, 빵 등을 파는 부스들만 있을 뿐 생필품이나 물, 간식거리 등은 없었다. 그래서 호텔이 지하철역 바로 앞이었는데도 날마다 반대 방향으로 한참을 걸어가 작은 마트에 들러 물을 사서 돌아왔다.

그러다 마지막 날 크루아상이나 사자며 다시 호텔 앞 마트를 갔는데 첫날 왔을 때는 보이지 않던 에스컬레이터가 보이는 것이 아닌가.

"위에도 뭐가 있나 봐."

에스컬레이터를 타고 올라가니 세상에나. 어마어마한 대형 마트에 사람들이 북적대고 있었다.

"여길 놔두고 매일 먼 데서 무거운 물을 두 통씩 사서 들고 왔다니. 여기 과일도 많고 과자도 이렇게 많은데…. 이거 봐, 치약도 있어."

허무함에 다시 또 중얼거렸다.

"아, 멍청해… 멍청해!"

중2, 초6 여름방학

*

어딜 봐도 아름다운 체코

프라하

5박 6일

다시 여행 시작

짐 부치고 찾는 것도 번거롭고 아이들도 각자의 짐을 들 정도의 나이가 되었으니 이번에는 1인 1가방으로 모두 기내에 들고 타기로 했다. 덕분에 셀프체크인 기계로 수속도 빨리 끝났다. 루프트한자 기내식은 우리 입맛에 아주 딱이었는데, 식사가 비빔밥에 간식은 심지어 라면! 국내선도 아닌데 이게 무슨 횡재인가.

프랑크프루트에서 갈아탄 작은 비행기는 이륙 후 갑자기 관광버스로 변했다. 이 자리, 저 자리에서 어르신들이 슬금슬금 일어나더니 노래를 부르고 몸을 흔들며 건배도 하는 것이 아닌가. 그 모습이 우스워 더 보고 싶었지만 한국 시간으로 새벽이라 그랬는지 겨우 1시간 비행에 기절하듯 잠이 들어버렸다.

프라하 공항에 도착해서는 예약해둔 공항 픽업 택시 기사를 찾아 두리번거렸다. 수트를 차려입은 잘생긴 남자가 오렌지색 팻말을 들고 기다리고 있을 거라는 게 그 업체에 대한 소문이었다. 택시 기사가 한두 명도 아닐 텐데 어떻게 훈남만 있을까 하면서도 살짝 기대를 해보았는데 정말로 모델 같은 청년이 내 이름이 적힌 오렌지색 팻말을 들고 서 있었다.

네 명이 여행 가방을 끌고 프라하의 돌길을 걸어갈 생각을 하니 다른 교통수단은 곤란할 것 같았는데 SUV 택시로 호텔 앞까지 아주 편하게 도착할 수 있었다.

아침부터 밤까지 돌아다니는 것이 체력적으로 무리라는 걸 파리에서 경험한 뒤였기에 이번 숙소는 무엇보다 위치가 중요했다. 별이 많이 달리지 않아도 되고 작은 곳이어도 괜찮으니 중심지에 숙소를 잡자고 했다. 여름이라 낮이 길었기 때문에 활동할 수 있는 시간이 많았다. 아침 일찍 일어나 1차로 구경을 하고 숙소로 돌아와 2시간 정도 쉬다가 다시 나가 저녁까지 먹고 들어오는 전략을 썼다. 침대에 누워 쉬는 중간 휴식 시간 덕분에 전반적으로 여행의 만족도가 높았다.

다만 호텔 바로 앞에 나이트클럽이 있어서 밤새 쿵쿵대는 음악 소리와 떼창이 들리는 게 단점이었다. 떼창을 한다는 건, 매일 그렇다는 건, 여행객이 아닌 그 지역 클럽 단골들의 공간이라는 뜻. 게다가 폭주족의 오토바이 소리와 밤마다 들리는 구급차의 요란한 사이렌 소리로 잠귀가 예민한 나는 고통스러울 뻔했다. 고맙게도 지갑 속에 항상 대기하고 있던 3M 귀마개가 나의 구세주가 되었다. 주황색 귀마개를 양쪽 귀에 꾹 끼우면 떼창도, 음악 소리도, 사이렌 소리도 아득히 멀게만 느껴지고 꿈결을 타고 흘러왔다, 흘러갔다, 너울지다 피곤함 속에 어느새 사라지곤 했다.

좀비에게 물리지 않는 방법

한국은 폭염이라던데 프라하의 아침은 너무도 쌀쌀했다. 비까지 보슬보슬 내리고 있어 겉옷을 걸쳤는데도 으슬으슬 몸이 떨렸다. 트램을 타고 스트라호프 수도원Strahov Monastery으로 가려고 했는데 마침 일요일이라 티켓을 살 수 있는 가게나 부스가 모두 닫혀 있었다. 여행 시작부터 당황스러웠다. 지나가는 할머니께 여쭈었는데 그분은 영어를 전혀 할 줄 몰랐고, 젊은 아가씨에게 물어보니 신용카드로 찍고 타면 된다고 했다. 트램이 와서 신용카드를 보여주니 트램 기사는 어이없는 표정을 지으며 안 된다는 시늉을 했다. 어떻게 하지? 남편과 아이들은 여행 일정을 계획한 나만 바라보고 있는데.

"스트라호프 수도원은 다음에 가고 오늘은 프라하성Prague Castle까지 걸어가자."

"얼마나 걸리는데?"

"나도 모르지."

유심칩을 파는 곳 역시 모두 문을 닫았기 때문에 스마트폰도 사용할 수 없었다. 제대로 된 지도도 가져가지 않았고 이제 의지할 것은 구글맵 밖에 없었다. 일이 이렇게 될 거라 생각하지는 않았지만 혹시 몰라 구글맵 오프라인 지도를 다운받아 놓았던 것이다. 가고 싶은 장소들에 별표를 해두며 여행 일정을 짰는데 이렇게 유용할 줄 몰랐다. 유비무환. 준비를 조금씩 '더' 하는 건 언제나 옳다.

오르막길을 걸어 프라하성으로 가고 있는데 빗줄기가 점점 더 거세어졌다. 짐을 늘리고 싶지는 않았지만 어쩔 수 없이 아이들 우비와 우산을 사야 했다. 정신없이 올라가 프라하성의 스타벅스에 도착했는데, 모두 우리처럼 비를 피해 들어왔는지 앉을 자리 하나 없었다. 그렇다고 바깥으로 나가 경치를 볼 수도 없었다. 그 스타벅스에서 보이는 경치가 끝내준다고 하던데, 이런 날씨에는 소용없는 일이었다. 어차피 내리는 비, 빗속의 프라하성을 감상하기로 했다.

성 비투스 대성당St. Vitus Cathedral은 입이 떡 벌어지게 웅장했다. 카메라에 다 담기지 않을 정도로 거대해서 뒤로 물러서고 몸을 낮추었는데도 전체 외관을 한 화면에 찍기가 어려웠다. 1,000년에 걸쳐 지은 성당이라 시대별로 유행했던 건축 양식이 공존했는데 세대 간의 대화 같기도, 역사의 흐름 같기도, 변화의 흔적 같기도 했다. 내부 역시 감탄이 저절로 나왔다. 특히 알폰스 무하Alphons Mucha의 작품은 오랫동안 시선을 잡아끌었다.

구 왕궁과 성 이르지 성당Bazilika sv.Jiri을 둘러보고 황금 소로로 나서자 좁은 골목길이 나타났다. 알록달록하게 다닥다닥 붙어있는 작은 집들은 연금술사들과 하층민이 살던 곳이었다고 한다. 상점 구경도 하고 싶었는데 감히 들어가지 못했다.

구매는 하지 않고 사진만 찍는 관광객을 상점 주인이 무시무시하게 노려보고 있었기 때문이다. 관광객으로서는 서운하지만 팔리는 물건 없이 드나드는 사람들만 있다면 짜증이 날 만도 하겠다는 생각이 들었다.

우리는 누가 뭐라고 눈치 주지 않을 무기 박물관으로 갔다. 좁은 계단을 올라가니 한참을 걸으며 구경할 수 있을 정도의 많은 투구와 갑옷, 창들이 전시되어 있었다. 이렇게 다양한 디자인의 갑옷과 무기가 있다는 게 놀라웠다.

"우리 얼마 전에 〈부산행〉 봤었잖아. 근데 여기 갑옷들을 보니까 좀비를 막는 데는 갑옷이 최고인 것 같지 않니? 한 군데도 빈틈이 없어. 이걸 물었다간 좀비 이가 다 나가겠는걸!"

"엄마, 이게 제일 좋은 거 같아. 판으로 되어있지 않고 작은 사슬들로 출렁거리게 되어있어서 움직이기도 편한 거 같아."

어느새 우리는 어떤 갑옷이 움직이기 편하면서도 좀비의 공격을 막아내기 좋은지 토론을 하고 있었다.

크리스털과 주얼리 가게들이 양옆으로 즐비한 네바도루 길을 따라 미리 찾아 둔 음식점으로 가는 중이었다.

"비도 오는데 꼭 그 식당에 가야 해? 그냥 아무 데나 가면 안 돼?”

배고프다는 작은아이의 말에 정말로 ‘아무 데나’ 들어갔다. 잘 모를 때는 그 식당의 대표 음식, 또는 세트 메뉴를 시키는 게 무난하다. 입구 칠판에 적힌 세트 메뉴를 먹고 싶다고 했더니 메뉴판 제일 뒷장을 펼쳐주었다.

프라하의 음식은 대체로 우리 입맛에 잘 맞았다. 호텔의 아침 조식도 입 짧은 딸들의 아침 식욕을 불러일으켰고, 실제로 여행 후에 몸무게가 늘기도 했다. 이날 들렀던 곳의 음식도 감히 ‘아무 데나’라고 하기에 미안할 만큼 맛있었다. 작은아이가 또 가서 먹으면 안 되겠냐고 여러 번 말했을 정도다. 그러니까 프라하는 아무 데나 맛있다. 다이어트 중인 사람은 절대로 가서는 안 되는 곳이 프라하다.

스트라호프 수도원과 골목길

트램 표를 사지 못해 갈 수 없었던 스트라호프 수도원은 페트리진 언덕Vrch Petřín에서 걸어갈 수 있는 거리였다. 수도원으로 가는 흙길, 덩굴식물 늘어진 하얀 담벼락, 아담한 동네 놀이터가 있는 샛길 모두 너무 예뻤다. 사람으로 치자면 꽃미남이 아닌 훈남의 느낌이랄까. 프라하 어디서나 들리던 한국말이 유일하게 들리지 않은 곳이기도 했다. 여행 책자에서 알려준 넓은 길이 아니라 지도를 확대해야 보이는 작은 샛길로 가보자고 제안한 남편이 너무 고마울 지경이었다.

일상을 보내다가 문득문득 떠오르는 풍경은 유명 관광지가 아니다. 지명을 대기 어려운, 그곳 사람들의 삶의 모습이 담긴 장소들이다. 그래서 여행을 가면 숙소 근처 마트나 식당, 동네 놀이터, 서점 등에 가는 것을 좋아한다. 같은 이유로 프라하에서 가장 기억에 남는 곳은 수도원에서 내려오는 골목길이라고 말하고 싶다. 마치 내가 현지인인 듯 착각하게 만드는 일상의 공간이라서.

스트라호프 수도원은 아담하고 차분한 분위기였는데 그곳에서 프라하 특유의 주황색 지붕을 내려다보는 맛이 최고다. 그 멋진 경치를 좀 더 오래 보고 싶어서 수도원 바로 옆에 있는 레스토랑으로 갔다. 야외 테이블에 앉아 있으니 지대가 높아서 그런지 한낮인데도 꽤 서늘한 바람이 불었다. 옆에 담요가 놓여있는 걸 보니 우리처럼 추위를 느끼는 사람이 많은가 보다. 하나 집어 몸에 착 두르니 적당히 따뜻해져 기분이 좋았다. 파리 흉내를 내며 달려드는 벌들 때문에 먹는 내내 성가셨지만 그림 같은 경치와 맛있는 음식이 있어 마음이 너그러워졌다.

수도원에서 내려와 존 레넌 벽John Lennon Wall으로 향했다. 여러 젊은이들이 벽에 글을 쓰고, 그림을 그리고, 다양한 각도에

서 사진을 찍고 있었다. 존 레넌과는 상관없어 보였다. '독도는 우리 땅' 같은 낙서도 보였다.

"독도는 우리 땅을 한글로 쓰면 결국 한국 사람만 알아보는 거 아닌가?"

요즘 큰딸은 비틀스The Beatles 앨범을 사 모으며 그들의 노래에 푹 빠져 있다. 아마 지금이었다면 그 자리에 오래도록 머물며 자신만의 포즈를 취했을 수도, 비틀스 노래를 부르며 동영상을 찍었을 수도, 존 레넌에게 감사하다는 글을 쓸 수도 있었을 텐데. 누군가 써놓은 낙서 위에 또 다른 누군가가 와서 덧칠을 하고, 새로운 모양이 생겨나고, 다시 사라지고…. 하고픈 말은 무엇이든 다 용납되는 글로벌 대나무 숲에서 나와 남편은 한쪽에 물러서 있었다. 10년만 젊었다면, 혹은 아이들 없이 갔다면 무슨 낙서를 했을까? 우리 부부는 그곳에서 가장 나이 든 사람 같았다. 어쩌면 낙서를 하는 나이가 아니라 이제 낙서를 읽어주는 나이가 된 것일지도 몰랐다.

구시가지와 바츨라프 광장

구시가지 광장으로 가는 골목골목은 먹거리, 주얼리, 기념품 가게 등이 줄지어 있어 눈이 즐겁다. 사람이 너무 많다 보니 부딪히지 않으려면 약간의 노력이 필요하다. 발마사지 숍이 곳곳에 있어 첫날에는 의아했는데 둘째 날이 되니 바로 이해가 되었다. 프라하는 걸어서 관광할 수 있는 작은 도시라서 발의 수고로움이 크기 때문이다.

1410년에 만들어졌다는 천문시계는 구시가지의 상징이다. 정각마다 종이 울리면서 12사도 인형이 나온다고 해서 기다리고 있었다. 정각이 다가오자 발 디딜 틈도 없이 사람들이 몰려들었고, 아이들은 조금 더 앞에서 보겠다며 나아가더니 사람들 틈으로 사라져 버렸다. 아이들을 따라 움직이려 하니 남편이 팔을 잡아끌며 "끝나면 애들이 우릴 찾아올 거야"라고 했다.

종이 울리자 작은 창 두 개가 열리면서 조그마한 인형들이 차례로 지나갔다. 사람들은 마법에 걸린 듯 조용해졌다. 겨우 40초의 마법. 조그만 창이 닫히자 여러 나라의 언어가 한꺼번에 터져 나오며 동시에 왁자지껄 움직이기 시작했다. 분명 모두 같은 말을 했을 것이다.

"저게 다야? 이걸 보려고 이렇게 많은 사람이 모인 거야?"

살짝 실망스럽기도 했지만 그래도 천문시계를 지나간다면 정각에 맞춰 가라고 하고 싶다. 지금은 특별한 기술이 아닐지 모르지만 시계가 만들어진 시기가 1410년이었다는 걸 생각하면 놀랍기 그지없다. 게다가 다른 곳에 이런 천문시계를 만들지 못하도록 시계 장인의 눈을 멀게 했다는 전설은 더욱 특별하게 들린다. 많은 인파가 지나가는 동안 남편과 나는 그 자리에 가만히 서 있었다. 그리고 남편이 말했던 것처럼 아이들이 알아서 우리를 찾아왔다.

천문시계가 있는 곳이 구시가지라면 바츨라프 광장Wenceslas Square은 신시가지에 속한다. 이름은 광장이지만 중앙에 길게 녹지가 있는 넓은 길이다. 체코 사람에게는 자유화 운동 '프라하의 봄'으로 기억되는 역사적 장소겠지만 우리 같은 관광객에게는 비눗방울 쇼를 볼 수 있는 활기찬 장소다. 긴 막대에 비눗물을 적셔 휙 휘두르면 방울방울 무지갯빛 감도는 동그라미

수백 개가 생긴다. 그 광경을 보고 있노라면 저절로 미소 짓게 되고 누구나 동심의 세계로 빠져들 수밖에 없다.

비눗방울을 잡겠다고 폴짝폴짝 뛰어다니는 꼬마들을 보고 딸들에게 "너희들도 잡아 봐"라고 했더니 피식, 콧방귀를 뀐다. 이제는 남들 앞에서 볼썽사나운 짓은 하지도 않을뿐더러 남들이 다 하는 행동이라면 일단 거부부터 하고 보는 나이가 된 것이다.

비눗방울을 쫓아다니던 꼬마 하나가 크게 꽈당 넘어졌다. 보고 있던 우리도 깜짝 놀랐다. 바닥이 온통 비눗물인데 어찌 미끄럽지 않겠는가. 비눗방울 아저씨가 엄마들에게 아이들을 잘 단속하라고 여러 차례 부탁했는데도 사고가 생겼다. 아이는 울고, 아저씨는 무섭게 혼내고, 아이 엄마는 서운해하며 아이 등을 떠밀어 자리를 떴다. 이빨이 다 빠진 빼빼 마른 아저씨의 화내는 모습이 무섭기도 했지만 잠시나마 동심을 허락해준 비눗방울 공연이 감사했기에 앞에 놓인 통에 동전을 넣었다.

숙소로 돌아가는 길에 프라하에서 유명하다는 굴뚝빵 뜨르들로trdlo를 샀다.

"이거, 꽈배기 같은데?"

시나몬 향이 조금 났지만 맛은 꽈배기와 비슷했다. 뜨르들로, 뜨르들르, 뜨레들로, 뜨레돌르…. 제각각 다르게 부르니 아직도 정확한 명칭을 모르겠다. 쭉쭉 결대로 찢어 먹다가 이왕이면 아이스크림을 얹어주는 걸로 살 걸, 후회했다. 돌아다니다가 출출할 때 딱 먹기 좋은 간식이었다.

매일 봐도 새로운 카를교

카를교Charles Bridge는 언제 보아도, 언제 건너도 싫증이 나지 않는 다리다. 하루에 두세 번씩 오갔는데도 시간과 날씨, 사람들에 따라 매번 분위기가 달랐다. 프라하성의 야경이 화려하게 보이는 것도 구도상 카를교가 안정적으로 받치고 있어서 그렇다는 걸 여러 장의 사진을 보고 알았다.

다리 양쪽으로는 예술가와 노점상들이 관광객을 유혹한다. 몽마르트르 언덕의 그림이 고급스럽다면, 이곳의 그림들은 타고난 재능과 순발력의 산물이다. 메모지만 한 종이와 가위를

든 사람이 종이를 이리저리 돌려 쓱삭쓱삭 가위질을 하는데 순식간에 신청자의 옆모습과 똑같은 검은 형태의 실루엣이 탄생하였다.

"대박! 저 정도면 천재 아닌가? 공간 감각을 타고난 사람이지!"

작품 하나가 뚝딱 완성되자 구경하던 사람들이 박수를 쳤다. 내 손도 어느새 저절로 박수를 치고 있었다.

가늘고 긴 펜 모양의 물건으로 검정 물감을 분무 형태로 뿜으며 초상화를 그리는 화가를 보았다. 기준선도, 윤곽선도 없이 칙칙 뿌리면서 어떻게 제 모양을 찾아가는 걸까? 작은아이는 그 방법으로 자기 초상화를 그리고 싶어 했다. 그러나 흐린 날씨에 빗방울도 조금씩 떨어지고 있었기 때문에 다음에 그리자고 아이를 설득했다. 그날은 첫날이었고 카를교는 앞으로 수없이 지나다닐 예정이었으니까. 그러나 우리가 프라하에 머무는 마지막 날까지 그 화가를 다시 만날 수는 없었다. 아이가 어찌나 안타까워하던지 진심으로 미안했다.

카를교에 화가만 있는 것은 아니다. 핸드메이드 액세서리를 만들어 파는 사람도 있고, 악기를 연주하는 밴드도 있다. 덕분에 다리 위는 파란 하늘, 하얀 구름과 세트가 되어 언제나 음

악이 흐른다. 한 연주자는 직접 개조한 악기로 연주를 하였는데 자세히 보니 빨래판인 듯했다. 카를교의 나이 지긋한 이 연주자들은 다리 위에서 일생을 보내지 않았을까?

"다른 곳에서는 들을 수도 없고 살 수도 없는 연주잖아. 매일 오가며 잘 들었으니 CD는 하나 사기로 하자."

그렇게 감상료를 지불했다.

·

인적이 드문 아침에도 카를교가 허전하지 않은 이유는 서른 개나 되는 성인의 석상 때문이다. 얼마나 많은 관광객이 석상을 만지며 소원을 빌었는지 특정 부위만 반들반들 윤이 난다. 다리를 지날 때마다 성인들의 기운과 보호를 받는 기분이랄까? 차가 다니지 않는 다리, 예술과 사람과 성인이 공존하는 곳. 프라하의 낭만은 카를교에서 시작된다.

음식 주문이 제일 어려워

지하철을 타고, 다시 버스를 갈아타고 프라하 동물원으로 갔다. 버스에 유모차를 들고 아이와 함께 탄 엄마들이 많이 보이길래 '이 엄마들만 따라 내리면 그곳이 동물원이야'라고 확신했는데 정말이었다.

동물원 안내지를 보고 동선을 먼저 파악한 뒤 리프트 카를 탔다. 경사가 무척 급하고 흔들흔들거리니 스릴이 있었다. 그때 우리는 모두 같은 기억을 떠올렸다. 아이들이 어릴 때 광주 지산 유원지에 간 적이 있었는데 리프트 카를 타고 내려오는 도중에 그만 리프트 카가 멈춰 섰던 것이다. 1시간이 넘도록 대롱대롱 매달린 채로 오도가도 못했다. 119에 전화하니 시설을 관리하는 호텔 책임으로 미루고, 호텔은 기다리라고만 하고, 아이들은 화장실이 급하다고 난리고. 다시 생각해도 정말 아찔했던 순간이었다.

"엄마, 이거 멈추는 거 아니겠지?"

"설마, 살면서 똑같은 일을 두 번 겪을까. 그럴 일은 절대 없을 거야."

올라가는 내내 경치가 얼마나 좋은지 동물 구경이고 뭐고 이것만 타도 좋겠다는 생각을 했다. 저 멀리 보이는 평화로운 블타바강Vltava R., 그 블타바강이 내려다보이는 언덕에 자리한 고급스러운 집들, 좌우로 꽉꽉 둘러싼 나무들…. 보는 것만으로도 힐링이 되는 시간이었다. 광주 이후로 다시는 리프트 카를 타고 싶지 않았었는데 이렇게 좋은 기억으로 나쁜 기억을 덮어버렸다.

해외여행에서 가장 나를 힘들게 하는 건 식사 주문이다. 나라마다 식당마다 주문 방법도, 메뉴도, 언어도 다른데 거의 매끼를 새로운 식당에서 먹어야 하니 주문 때마다 스트레스다.

이날도 점심을 먹기 위해 가장 가까이에 있던 카페테리아로 갔다. 다른 테이블을 살짝 훔쳐보니 치킨이 보였다. 치킨이라면 실패 확률이 제로니 먹긴 먹어야겠는데 이름을 모르니 메뉴판에서 찾을 수가 없었다. 줄도 길고 모두 정신없이 빠르게 주문을 하는데 나만 여유를 부리며 물어볼 수가 없는 분위기였다. 땀이 삐질삐질 나고 머리가 하얘졌다. 에라, 모르겠다. 메뉴판에서 아무거나 대충 찍어 주문을 했는데, 결론은 '비쌌더라면 욕 나왔을 뻔한 음식'이었다는 것이다. 마카로니같이 생긴 건 아예 맛이 없었고 정체불명의 다른 음식도 목구멍이 허락하지 않았다. 어지간하면 아이들에게 음식은 버리는 거 아니라고 가르치는데, 이날은 사람이 먹을 수 없는 건 안 먹어도 된다고 가르치고 싶은 심정이었다.

결국 콜라로 당 보충과 갈증을 해결한 뒤 서둘러 돌아올 수밖에 없었다. 지하철에서 내리자마자 맥도날드 간판을 보고 어찌나 반갑던지, 지체없이 맥도날드로 발길을 옮겼다. 한국에서는 별로 사 먹지도 않는데 해외에 나가면 이상하게 맥도날드가 가장 반갑다. 햄버거와 콜라, 감자튀김을 주문했는데 어? 케첩이 없다. 케첩 하나에 500원이란다. 더 달라고 하면 그냥 주기도 하는 케첩인데 돈을 내고 사 먹어야 하다니. 게다가 화장실을 가려고 하니 또 인당 돈을 내야 한다고 한다. 이건 참 매번 적응이 안 되는 부분이다. 그렇지만 기본적인 것은 대체로 저렴한 편이니 이런 추가 요금은 너무 억울하게 생각하지 말아야겠다. 누가 뭐래도 프라하는 유럽치고는 경제적 부담이 적은, 가성비 최고인 도시임이 분명하니까.

취향 저격 알폰스 무하

성 비투스 대성당에서 보고 반했던 알폰스 무하의 스테인드글라스. 그의 박물관이 있다고 해서 찾아갔다. 생각보다 작은 곳이었지만 그림들이 너무나 매력적이어서 전혀 아쉽지 않았다. 박물관이 지나치게 크면 서둘러 봐야 한다는 생각에 발걸음이 바빠지는데 선 하나하나까지 들여다보면서 천천히 감상할 수 있어 오히려 좋았다.

그림체가 어딘가 친숙하다 싶었는데 생각해보니 타로 카드의 그림 같기도 하고, 중학교 때 한창 사서 모으던 엽서 속 예쁜 소녀 같기도 하고, 고풍스러운 장식품에 그려져 있는 여자의 모습 같기도 했다.

"그런 것들이 다 무하의 영향을 받지 않았을까?"

남편의 말에 고개를 끄덕였다. 분명 무하 이전에는 어디에도 없었을 그림풍이니까.

'애개? 이 그림은 다른 작품에 비해 좀 약한데?' 다소 평범해 보이는 예수님 그림이 하나 있었다. 그런데 설명을 읽고선 '애개'가 '허걱'으로 바뀌었다. 겨우 9살에 그린 작품이라니! 어릴 때부터 이 정도였다면 신동 소리 깨나 들었을 것이다.

"엄마, 나보다도 어릴 때 그렸던 거래. 정말 천재였나 봐."

성실하게 자기 할 일을 하면 되는 거라고 아이들에게 말하면서 천재를 이길 수 없다는 것 역시 언제나 쿨하게 인정한다. 그들의 몫이 있고 우리의 몫이 있으니 부러울 것 없다고. 개인적으로는 천재의 고단한 삶보다는 이렇게 천재의 작품을 즐기는 삶이 더 재미나다고 생각한다.

나이가 많든 적든 무하의 그림을 싫어할 여자는 없을 듯하다. 우리 세 모녀 역시 다른 미술관의 굿즈숍과는 달리 손에 만지작거리게 되는 것들이 많았다. 크지도 않은 공간에서 오랫동안 서성이다 유독 눈에 들어오는 소녀에게 꽂혔다. 큰딸에게 말했다.

"엄마는 얘가 너무 맘에 들어. 뭔가 도도하면서 당돌해 보이잖아?"

"아, 엄마! 나도 이 그림이 제일 좋은데! 찌찌뽕!"

결국 우리는 도전적인 표정으로 쳐다보는 소녀가 그려진 작은 손거울을 손에 넣었다.

숙소로 돌아오는 길에 컵라면이 생각나 한인 마트에 들렀는데 근처에 많은 노점상들이 있었다. 유럽에 가면 꼭 먹어야 한다는 납작복숭아도 사고, 비틀스 커버 밴드가 버스킹을 하고 있길래 털썩 주저앉아 공연도 구경했다. 마치 비틀스가 돌아온 것처럼 목소리와 창법, 심지어 의상과 헤어스타일까지 완벽하게 따라한 그들이 신기하기까지 했다. 아는 노래가 나오니 나도 모르게 몸이 살랑살랑 흔들렸다. 어깨를 들썩이며 리듬에 맞춰 각국에서 온 사람들과 함께 흥얼거렸다. 몇 곡 듣고 일어섰는데 나중에야 큰아이가 원망을 쏟아냈다.

"아…. 내가 그때 얼마나 끝까지 듣고 싶었는지 알아? 중간에 가자고 해서 진짜 엄청 속상했는데!"

아이도 뒤늦게 비틀스 팬이 될 줄 몰랐을 테지만 어쩌면 비틀스가 본인 취향임을 그때 알게 된 것이 아닐까?

어디를 찍어도 명품 사진

가장 기대를 많이 했던 곳은 체스키 크룸로프Cesky Krumlov였다. '동화 마을'이라는 별명처럼 동화 속으로 들어가는 기분을 느낄지, 사진은 얼마나 예쁘게 찍힐지, 그곳에 가면 나도 공주가 될 수 있을지 출발 전부터 한껏 기대에 부풀었다.

안델Andel 역에서 스튜던트 에이전시Student Agency 버스를 탔는데 절반 이상이 한국 사람인 듯 여기저기서 한국말이 들렸다. 비행기처럼 좌석마다 영화도 보고 음악도 들을 수 있는 작은 스크린이 있었고 커피도 서비스로 제공되었다. 돈을 내면 다른 음료나 물도 먹을 수 있다는데 별로 비싼 금액은 아니었다. 그리고 버스 안의 히든 플레이스. 얼핏 보면 절대 찾지 못할 자그마한 화장실이 깜찍하게도 뒷문 바로 옆에 숨어있다. 이용하진 않았지만 쉬지 않고 가는 3시간 여정에 상당한 심리적 안정을 주었다. 목가적인 풍경의 시골 마을을 지나고 파스텔 톤의 집을 지나고, 때로는 버스가 마을 길로 들어가 길을 잘못 들어섰나 싶을 만큼 가정집 문 앞을 가까이 지나기도 했다.

체스키 크룸로프는 누구든 사진작가로 만들어준다. 아무데나 찍어도, 아니 그냥 발가락으로 찍어도 한 장의 엽서가 된다. 어느 곳을 둘러보아도 감탄사가 절로 나와 나중엔 감탄하기도 지겨워잔다. 1박을 하면서 여유롭게 돌아보면 좋았을 텐데 몇 시간이면 된다는 후기들을 읽고 계획을 짠 것이 후회됐다. 오르락내리락하며 골목골목마다 자리한 아기자기한 가게들 구경하는 것도 재밌고, 성에 올라가면 마을 전체를 내려다볼 수도 있다. 프라하에서도 많이 볼 수 있지만 체스키 크룸로프에서 보는 주황색 지붕은 산과 강이 어우러져서 그런지 유난히 더 선명하고 비현실적으로 보였다.

큰아이는 연신 카메라 셔터를 눌러댔고, 작은아이는 래프

팅하는 사람들을 유심히 지켜보았다. 고무보트나 나룻배처럼 노를 젓는 것도 있었고, 뗏목처럼 생긴 것도 있었고, 관광객 한 무리를 태우고 가는 유람선도 있었다. 강은 마을을 한 바퀴 돌며 천천히 흘러가다가 어떤 지점에서는 후룸라이드처럼 후루룩 내려가는데 그걸 보고 작은아이가 배를 타고 싶다고 조르기 시작했다. 내 마음도 이렇게 동하는데 아이 마음이 어땠겠는가.

"저기 줄 서 있는 사람들 보이지? 이걸 타면 우리는 여길 다 둘러보지 못하고 딱 저것만 타고 가야 해. 기다리기만 하다가 차 시간 때문에 그냥 돌아가야 할 수도 있고."

"근데 우리 여기 다시는 안 올 거잖아. 오늘 못 타면 그냥 끝이잖아."

"다음에 언니랑 오든, 친구랑 오든, 우리 가족끼리 다시 오든, 그러면 되지. 그때는 꼭 하루 자면서 래프팅도 하고…"

이렇게 말하면서도 자신이 없었다. 다시 올 수 있을까? 나중에 꼭 다시 와서 자기가 원하는 걸 다 해보았으면, 마음속으로 간절하게 빌었다.

·

어김없이 밥때는 돌아왔고, 기가 막히게 맛있는 꼴레뇨

Koleno 식당이 있다고 해서 찾아 나섰다. 골목길을 헤매다 겨우 찾았는데 우리 입맛에 맞는 곳이었는지 이미 식당은 한국 사람들로 가득했다. 아무리 유명한 식당이라도 줄 서서 먹지 않는 엄마, 아빠임을 아이들도 알고 있었지만 어쩐 일인지 이번에는 쉽게 양보하려 들지 않았다.

"여기가 정말 맛이 있다며… 한국도 아니고 다시 올 수도 없는데 이 정도면 기다렸다가 먹어도 되잖아? 나는 기다릴 수 있어. 기다리자~ 응? 래프팅도 못 하는데."

슬쩍 식당 안을 들여다보니 화덕에서 막 꺼낸 고깃덩어리에 기름이 좔좔 흐르는 것이 군침이 돌긴 했다. 아마 내가 기다

THE OLD INN

렸다가 먹자고 했으면 어림없었겠지만 똑같은 요구를 해도 딸들이 하면 먹힐 때가 많다. 그래서 정말 하고 싶은 게 있으면 남편을 설득하는 것보다 아이들을 먼저 설득하는 것이 이즈음부터의 나의 작은 요령이다. 같은 말이어도 오랜 동료의 말보다 신참의 말이 더 참신하게 들리는 것과 같다고 할까.

바깥 테이블에 앉아 돼지 무릎 요리인 꼴레뇨와 거품 가득한 흑맥주를 먹었는데, 어찌나 맛이 있던지 먹는 내내 "진짜 맛있다. 완전 맛있다!"를 50번도 넘게 말한 것 같다. 프라하의 다른 식당에서도 같은 메뉴를 먹어보았는데 그 맛이 아니었다. 딱 그곳, 그 화덕에서 나온 꼴레뇨를 생각하면 지금도 침이 고인다.

"너희들 아니었으면 정말 후회할 뻔했어. 이걸 못 먹었으면 어쩔 뻔했니. 고집부려줘서 진짜 고마워."

아이들은 좋은 꿈을 꾸게 해준다는 드림 캐처를 하나씩 샀고 광장에서 잠시 버스킹 공연을 보다가 버스에 올라탔다. 동화 같은 하루가 꿈처럼 지나갔다.

마지막 날은 평화롭게

마지막 날이 되니 다시 첫날로 돌아가고 싶었다. 문을 연 곳은 없을 테지만 시간이 아까워 아침 9시도 안 되었는데 아이들을 일으켜 밖으로 나갔다.

천천히 걷다 보니 어느새 프란츠 카프카 박물관Franz Kafka Museum 앞이었다. 아이들에게 카프카의 소설 《변신》의 줄거리를 들려주니 "그게 뭐야? 무슨 내용이 그래?"라며 인상을 썼다. 즐거운 내용도, 쉬운 내용도 아니고 아이들에게 설명하기에 참으로 난감한 소설이긴 했다.

건물 안으로 들어가지는 않았지만 진짜 재미있는 건 박물관 마당에 있었다. 가운데 연못을 향해 소변을 보고 있는 실물 크기의 남자 동상 두 개가 마주 보고 서 있는 것이었다. 민망하게도 동상들의 엉덩이가 좌우로 왔다 갔다하고 성기는 위아래로 움직이고 있었다. 시선은 그만 갈 곳을 잃었고 웃음이 터져 나왔다.

“어떻게 이런 기발한 생각을 했을까?” 사진과 동영상을 찍는 나를 보며 남편은 “아니, 뭘 그런 걸 찍어…”라며 겸연쩍어 했고, 딸들은 “아기 천사가 오줌 싸는 건 귀여운데 이건 좀 많이… 흉해”라며 못마땅해했다.

사춘기에 접어드는 아이들의 눈에는 작품성보다 선정성이 우선인 모양이었다. 알고 보니 그 동상은 설치미술가로 유명한 데이비드 체르니David Cerny의 작품이었다. 카를교 아래 공원에서도 그의 작품을 더 볼 수 있는데 그중 기어 다니는 아기 동상들 역시 어느 각도에서 찍어도 민망한 엽기적인 거대 동상이었다.

강가 쪽으로 내려가 보니 곳곳에서 신랑, 신부들이 웨딩 촬영을 하고 있었다. 날씨로 보나 배경으로 보나 보정 따위는 하나도 필요하지 않은 완벽한 사진이었을 것이다.

강 가장자리에는 우아한 백조들과 촐싹대는 비둘기들, 다정한 엄마 오리와 아기 오리 5형제가 돌아다니고 있었다. 과자 부스러기를 던져주니 익숙한 듯 받아먹다가 백조 한 마리가 큰아이의 손을 덥석 물어 버렸다. 아프지는 않아도 깜짝 놀랄 일이다. 예전에 타조에게도 물린 적이 있었는데, 큰애 손이 새들 보기에 유난히 먹음직스럽게 생기기라도 한 걸까?

언제까지나 아이들이 원하는 곳만, 아이들에게만 맞춰서 다닐 수는 없는 노릇이다. 그래서 아이들에게 아빠가 원하는 곳에도 가보는 것이 공평할 것 같다고 말했다. 남편은 안 그래도 전부 안 좋아할 거 같아 망설였다며 발렌슈타인 궁전 Wallenstein Palace을 가보고 싶다 했다.

엇! 이 신비함은 뭐지? 아이들조차 입이 떡 벌어지게 만든 것은 다름 아닌 인공 벽이었다. 인위적으로 석회를 흘려서 만든 것이라는데, 동굴에서나 볼 수 있는 꿀렁꿀렁한 무늬에 송송 뚫린 구멍들. 그 속에서 우리는 무수히 많

은 사람의 얼굴과 동물의 형상을 찾을 수 있었다. 매직아이를 볼 때처럼 집중해서 쳐다보면 '사람 얼굴 같다' 하는 순간 소름 돋게 입체감 있는 얼굴이 나타난다. 기괴하기까지 했다. 남편에게 이곳을 추천해줘서 고맙다고 했고 아이들 역시 사람 얼굴 찾기로 즐거운 시간을 보냈다며 아빠의 안목을 인정해 주었다.

이날따라 유난히 더웠다. 정오가 되니 걸어 다니기도 힘들 정도였는데 작은아이가 블타바강에 있는 보트를 가리켰다. 남편과 큰아이, 그리고 나는 손 선풍기를 얼굴에 가져다 대며 말했다.

"이렇게 더운데 그늘 하나 없는 강 위에서 저 쨍쨍한 해를 받으며 발을 구르라고?"

그러나 체스키 크룸로프에서 래프팅을 못하게 한 것이 미안하기도 했고, 작은아이의 선택이 의외로 탁월한 결과를 가져올 때도 있었기에 이번에도 믿어보기로 했다. 초등학생이라 혼자만 구명조끼를 입어야 했던 작은아이는 "진짜 구명조끼가 필요한 사람은 엄만데…" 하고 중얼거렸다. 수영을 못하는 건 나뿐이었기 때문이다. 물에 빠지면 살아 나오지 못할 테니 지

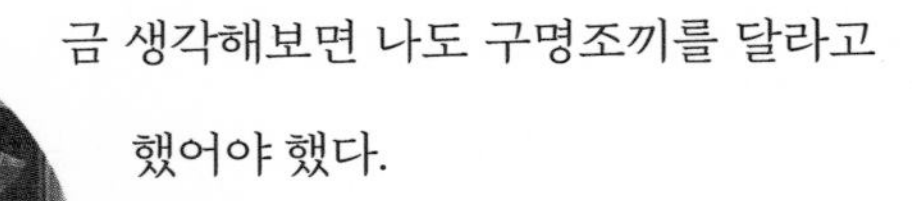

금 생각해보면 나도 구명조끼를 달라고 했어야 했다.

이제는 아이들도 노동을 감수할 나이가 되었다. 가위바위보를 해서 진 남편과 작은아이가 페달을 밟았고 큰아이와 나는 사진을 찍으며 강바람을 즐겼다. 햇살 때문에 뜨거울 줄 알았는데 바람에 땀이 식어 시원했다. 작은아이가 옳았다는 게 또 한 번 증명되었다.

오후에는 하벨 시장Havel's Market에 들렀다. 컵, 티셔츠, 스카프, 손톱깎기, 스노우 볼, 인형, 열쇠고리, 손거울, 자석 등 기념품은 어느 곳이나 비슷하다. 뭔가 하벨 시장에서만 살 수 있는 게 없을까 찾다가 이니셜 목걸이를 발견했다. 영문 이름을 적어주니 펜치로 철사를 요리조리 구부려 순식간에 알파벳 이니셜 목걸이를 만들어주었다. 한번도 착용하고 나간 적은 없지만 여행을 떠올리게 하고 추억에 잠기게 하는 게 기념품의 목적 아닌가. 책장에 고이 올려져 있는 것만으로도 충분히 제 역할을 하는 목걸이다.

한 번 더 가보자

페트리진 타워에 가려면 언덕에 올라가서도 또 뱅뱅 돌아 꼭대기까지 걸어 올라가야 하는데 이미 올라오면서 경치는 충분히 감상했기 때문에 다리 힘을 아끼기로 했다. 하늘이 가깝게 보이는 언덕은 예쁜 정원이 인상적이었고 거울 미로가 있어 우스꽝스러운 사진도 찍으며 시간을 보냈다. 그렇게 한 번 다녀온 곳인데 생각해보니 첫날 실패한 이후로 여행 마지막 날이 될 때까지 프라하의 대표적인 교통수단인 트램Tram을 타지 못했다. 22번 트램이 가장 유명하다고 했지만 우리는 9번 트

램을 타고 페트리진 타워 쪽으로 한 번 더 가보기로 했다.

"트램 타면 에어컨이 나와서 시원하지 않을까? 더운데 잠깐이라도 트램 타자."

이번에는 교통권도 있었기 때문에 문제없었다. 그러나 트램에 올라서는 순간 훅! 밀려드는 더운 바람과 땀 냄새가 우리를 당황시켰다. 아, 에어컨이 없는 트램이라니. 최신형 트램에는 에어컨이 있다는데 우리가 운이 없었던 모양이다.

트램에서 내려 페트리진으로 올라가는 푸니쿨라를 탔다. 몽마르트르 언덕에서 탄 것과 비슷한 산악 열차다. 그런데 꼭대기로 올라가기 전에 정류장이 하나 더 있다고 해 호기심이 생겼다. 꼭대기는 한번 가보았으니 중간에 내려보자고 의견을 모았다.

그곳에 프라하 시내가 내려다보이는 전망 좋은 카페가 있으리라고는 상상도 못했다. 게다가 음료 가격도 마트에서 파는 것과 별반 다르지 않았다. 우리나라였다면 경치값으로 따따따블 가격을 불렀을 텐데. 페트리진은 남산과 비슷한 느낌이지만 한적한 맛이 있다. 잔디에 누워있는 사람이나 유모차를 끌고 나온 동네 엄마들을 보면 관광객보다는 현지인이 더 사랑하는 곳이 아닐까 싶었다. 산책 겸 바람 쐴 겸 편하게 올라가는 동네 언덕길.

이젠 직항 타자, 제발

비행기를 탈 때 직항을 탈 것인지 경유해서 갈 것인지 항상 고민이었다. 직항은 편리하지만 비쌌고, 경유를 하면 저렴하지만 자칫 하루를 그냥 허비하게 될 수도 있었으니까. 이왕 어렵게 가는 여행인데 하루라도 더 여행지에서 머물고 싶은 마음이 컸다. 파리를 오갈 때는 러시아 모스크바에서 한 번, 프라하를 오갈 때는 독일 드레스덴에서 한 번 비행기를 갈아탔다. 경유지 공항에서 서너 시간씩을 기다려야 했지만 100만 원 정도를 아낄 수 있다는 생각에 불편함을 감수했다.

모스크바에서 파리로 가려는데 검색대에서 큰아이 가방이 걸렸다. 평소 들고 다니던 필통을 넣었는데 그 안에 컴퍼스가 있었던 것이다. 칼이나 가위는 빼야 한다고 미리 알려줬는데 아이도 컴퍼스까지는 생각하지 못한 모양이다. 아깝게도 컴퍼스는 모스크바 공항 쓰레기통으로 들어갔다. 인천 공항에서는 어떻게 통과되었는지 모를 일이다.

프라하에서 돌아올 때는 독일 드레스덴 공항에서 3시간 정도를 기다려야 하는 스케줄이었다. 공항 구경도 하고 의자에 앉아서 쉬기도 하고 쪽잠도 자는 등 이제 나름대로 노하우가 생겼다. 3시간 정도는 생각보다 빨리 지나간다는 걸 알고 있었다. 그러나 그날은 비행기가 연착되었다는 안내가 뜨더니 출발 시간이 계속 지연되고 있었다. 정확한 시간을 알면 마음 편히 쉬거나 잘 수 있는데 시간이 자꾸 바뀌니 신경이 곤두섰다. 안내판을 수시로 확인하던 남편이 무언가를 들고 돌아왔다.

"게이트 앞으로 한국 사람들이 가는 걸 보고 따라갔는데 햄버거 쿠폰을 주더라고. 달라고 해야 주는 거 같던데 모르면 못 받는 거지. 해외 나가면 한국 사람만 따라다니면 된다더니, 정말 이거 받아가는 사람은 다 한국 사람이야."

결국 원래 출발 시간보다 5시간이나 지연되어서 우리는

8시간을 경유지에서 기다린 셈이 되었다. 한 끼는 사 먹어야 했는데 맛은 별로였지만 어쨌든 쿠폰이라도 받아서 조금은 덜 억울했다.

그날 너무 힘들었는지 항상 경유를 해서 조금이라도 싸게 가자고 주장하던 남편이 생각을 바꾸었다.

"이젠 너무 힘들어서 안 되겠다. 아휴… 예전 같지 않아. 이제 그냥 직항 타자."

우리 모두 격하게 동의했다. 8시간은 정말 너무나 긴 시간이었다.

기타 등등 프라하

#1.

누군가가 끊임없이 따라다니며 청소를 하는 듯 관광객이 넘쳐나는 곳인데도 어디나 깨끗하다. 한 순간도 지저분한 것을 보지 못했다. 거리가 항상 깨끗하니 관광객들도 더 조심하는 것 같았다. 또 프라하에는 비누인지 세제인지 모를 독특한, 기분 나쁘지 않은 특유의 향이 있다. 문득문득 그 향이 나면 '아, 여기 프라하지?'라는 생각이 떠오를 정도다. 한편으로는 흡연이 너무나 자유로운 나라여서 담배 연기를 피하기가 어려웠다. 남녀를 막론하고 어디서든, 심지어 아이를 앞에 두고도 연기를 내뿜는 부모가 있어 적잖이 놀랐다.

#2.

프라하의 여름 날씨는 심한 경우 한국과 20도까지 차이가 난다. 대체 왜 에어컨이 있는 숙소를 애타게 골랐는지 모를 일이다. 프라하의 여름 여행에선 오히려 긴 바지와 겉옷이 꼭 필요하다. 그래서 에어컨이 없는 트램이 많은데 한낮에 잘못 골라 타면 땀 냄새가 밀려와 괴로울 수도 있다.

#3.

식당이나 관광지 등에서는 기본 영어가 다 통하지만 현지인들이 주로 이용하는 가게는 영어가 전혀 통하지 않기도 했다. 가끔 현금만 받는 가게도 있어 현금은 꼭 지니고 있어야 하고, 화장실이나 트램을 사용하기 위해서도 잔돈은 필수다.

#4.

유럽인들은 탄산수를 좋아한다. 우리나라도 점차 탄산수를 먹는 사람이 늘고 있지만 탄산수를 원하지 않는다면 물을 살

때 꼭 확인을 해야 한다. 첫날 아무 생각 없이 생수를 집어 들었는데 탄산수여서 남편 혼자 꾸역꾸역 다 마셔야 했던 기억이 있다.

#5.

블랙라이트 공연은 의외로 재미있었다. 체코어를 몰라도 충분히 즐길 수 있을 만큼 대사는 적고, 볼거리는 많다. 공연 중간에 관객석에 비도 내리고, 눈도 내리고, 엄청난 풍선이 관객들 사이로 들어와 띄우며 놀기도 한다. 게다가 거대한 거미 분장을 한 단원들이 갑자기 의자 위로, 관객 사이로 돌아다니며 생생한 동작을 보여주어 저절로 비명이 꽥꽥 나온다. 분장인 걸 아는데도 어찌나 무섭던지, 아이들과 함께라면 볼 만한 공연이다.

#6.

미국에서도, 프랑스에서도 과일의 색감에 속았던 게 한두 번이 아니다. 반짝반짝 윤이 나는 선명한 색깔 때문에 침이 절로 고이지만 막상 깨물면 달지도 않고 식감도 별로여서 매번 실망하곤 했다. 그래서 납작복숭아에도 큰 기대는 없었다. 게

다가 모양이나 색감도 그다지 먹음직스러워 보이지 않았기에 그저 손으로 잡고 먹기엔 편하겠네, 했을 뿐인데 생각보다 너무 맛있었다. 이래서 다들 프라하에 가면 납작복숭아를 먹으라고 했나 보다.

"한국에 가면 이 복숭아가 너무 그리울 것 같아. 유럽에 다시 오기 전에는 못 먹겠지?"

점점 줄어드는 복숭아가 아까웠다.

#7.

프라하는 바닥이 온통 돌이다. 벽돌처럼 규격이 정해져 있는 게 아닌데도 벽돌보다 틈새 없이 잘 메꾸어져 있다. 한번은 길에서 보수 작업 하는 분들을 보게 되었는데 빈틈을 보고는 즉석에서 그 모양대로 돌을 다듬어 넣고 있었다. 치수를 재는 것도 아닌데 어찌나 꼭 맞게 제작을 하는지 신기해서 한참을 보았다. 타고난 능력인지, 숙련의 결과인지, 진정한 장인을 보니 절로 존경심이 들었다.

고1, 중2 겨울방학

*

현란한 쇼핑의 도시 홍콩

홍콩

3박 4일

가족이란 이런 거지

중3 겨울방학. 큰아이가 고등학교 진학을 앞두고 있으니 당분간은 마지막이란 생각으로 준비한 홍콩 여행이었다. 그런데 전과 달리 설레지도, 서두르지도 않는 나를 보며 왜 그럴까 스스로도 의아했다. 항공권, 호텔, 몇 가지 티켓 예약만 겨우 하고 다른 계획은 세우지도 않은 채 무기력하게 시간만 흘려보내고 있었다.

출발 일주일 전, 남편이 몸이 안 좋다고 했다. 하루 이틀 열 좀 나다가 금방 낫겠거니 생각했는데 나아지기는커녕 열이 더 오르며 상황이 안 좋아지고 있었다. 병원도 가고 처방약도 먹었지만 생각보다 쉽게 회복되지 않았다.

“정 안 되면 애들 데리고 다녀와. 나는 못 갈 거 같아.”

출발 3일 전이었다. 조금 더 싸다는 이유로 환불 불가 상품을 덜컥 예약해버렸기 때문에 호텔은 아예 취소가 불가능했다. 비행기표, 디즈니랜드 입장권, 와이파이 도시락, 공항까지 가는 버스표 등 예약해둔 모든 것을 생각하니 머리가 지끈거렸다. 나와 아이들이라도 가지 않으면 손해가 너무 큰 상황이었다.

출발 전날 밤, 아이들은 알아서 척척 가방을 쌌고 완벽히 준비를 마친 뒤 잠자리에 들었다. 떠날 준비를 마치고 옹기종기 모여 있는 캐리어들과 끙끙 앓고 있는 남편을 번갈아 보며 나는 생각에 잠겼다.

알람 소리에 기상한 아이들이 거실로 나오는 것을 보고 찬찬히 말했다.

“아무래도 아빠 혼자 두고 가면 안 될 거 같아. 열도 너무 많이 나고 밥도 혼자 못 먹을 거 같아. 아쉽지만 이번 여행은 포기하자. 정말 미안해.”

말하면서도 아이들이 뭐라고 할까 걱정이 되었다. 이제 대학 들어갈 때까지 해외여행은 갈 수 없으리라는 걸 잘 알고 있었고, 바로 어제까지만 해도 홍콩은 가을 날씨라며 넣어두었던 얇은 옷을 꺼내며 들떴었는데 말이다. 그런데 예상과 다르게 대답은 “그래?”가 전부였다. 화가 난 말투도 아니었고 짜증이 난 말투는 더더욱 아니었다. 덤덤한 반응을 보니 아이들도 아빠의 상태가 걱정되어 우리끼리의 여행이 썩 내키지 않았던 모양이다. 그러고는 아침밥을 먹었다. 아무 일도 없던 것처럼. 그냥 보통 때의 아침처럼.

나중에 아이들에게 “미안하다. 기대했을 텐데 많이 속상하지?”라고 물으니 “아이고… 엄마보다 더하겠어?”란다. 여행 당일 취소였기 때문에 대부분 환불이 안 됐고, 손해가 이만저만이 아님을 아이들도 알고 있었다. 그러나 몇백만 원의 손해보다, 여행을 가지 못한 실망보다 우선해야 하는 것이 있다면 바로 가족이다.

그날 밤 우리는 소파에 옹기종기 모여 앉아 불을 끄고 영화 〈셔터 아일랜드〉를 보았다. 이불을 둘둘 말고 있는 아빠와 두런두런 이야기를 나누고 오물오물 간식도 먹으면서.

미안한 마음에 아이들에게 뮤지컬 비용을 한 번 내주겠다고 했다. 보고 싶은 뮤지컬은 언제나 넘쳐났고 티켓값은 비쌌다. 아이들은 많지도 않은 용돈 대부분을 모아야 겨우 한 편씩 볼 수 있었기 때문에 나름 머리를 굴려 제안을 한 것이다. 신나게 뛰어놀 홍콩 디즈니랜드와 맞바꾸기에는 턱없이 부족한 대안이었지만 아이들은 기쁘게 오케이를 외쳐주었다.

만약 아픈 남편을 홀로 두고 갔더라면 여행을 제대로 즐기지도 못했을 테고 미안함은 평생 이어졌을 것이다. 남편과 아빠라는 자리는 겨우 몇백만 원과 비교할 수 없을 정도로 너무 소중하다. 여행이야 언제든 가면 되지. 돈이야 다시 모으면 되지. 지금도 그때의 결정을 후회하지 않는다.

이번엔 진짜 간다

계획했던 홍콩 여행은 그렇게 날아갔고 큰아이는 고등학생이 되었다. 3월은 홍삼까지 먹여 가며 애를 썼지만 체력적으로도, 정신적으로도 무척이나 힘들어했다. 1학기 내내 시험과 과목별 수행평가, 조별 과제, 동아리, 봉사 등으로 녹초가 된 딸이 안쓰러웠던지 남편이 지난해 못 갔던 홍콩에 가자고 했다. 아이가 고등학생이 되면 해외여행은커녕 국내 여행도 못 갈줄 알았는데 모든 것은 생각하기 나름이다. 학원에 다녔다면 하루만 빠져도 진도를 못 따라갈까 봐 망설였겠지만, 다니지 않으면 결정이 어렵지 않다. 게다가 고등학생 사교육비면 1년만 모아도 온 가족 홍콩 여행 경비 정도는 충분히 충당할 수 있다.

다년간의 여행 노하우로 아이들은 이제 가방을 척척 잘 싼다. 아침, 저녁으로는 서늘하니 위에 걸칠 옷 하나씩 더 넣으라는 조언만 했을 뿐이다. 특히 충전기나 보조 배터리, 이어폰처럼 스마트폰과 관련된 것들이나 고데기, 화장품처럼 꾸미기와 관련된 짐은 나보다 더 꼼꼼하게 챙긴다. 지난번 가지 못했던 호텔을 다시 예약할까 하다가 생각을 바꿨다. 포켓 와이파이가 제공되고, 환불이 가능한 조건으로 말이다.

4시간 정도의 짧다면 짧은 비행을 마치고 AEL을 타고 숙소가 있는 침사추이Tsim Sha Tsui로 향했다. 물론 한 번은 내려서 셔틀버스를 타야 하는 번거로움은 있었지만 이제 아이들도 다 컸고 호텔 근처까지 안전하게 도착할 수 있었다.

좁은 땅에 인구가 많으면 건물이든 뭐든 위로 올라갈 수밖에 없다. 아파트와 높은 건물들 때문에 도대체가 하늘을 볼 수 없다고 투덜거린 적이 많았는데 홍콩에 비하면 서울은 꽤 양호한 편이다. 서울의 하늘보다 더 잘게 조각난 하늘, 보기만 해도 목 아픈 높다란 건물, 도로에 가득한 2층 버스, 빠르게 걷는 사람들을 번갈아 보니 양가위 감독의 영화처럼 모든 것이 잔상을 남기며 정신없이 움직이는 것 같다.

"우리, 드디어 홍콩에 왔어!"

남이 좋아한다고 내게도 좋은 건 아니다

'%' 기호를 살짝 돌리면 '응'으로 보인다. 때문에 한국인에게 '응 커피'로 불린다는 아라비카 커피를 마셔보고 싶었다. 내가 좋아하는 카페라떼가 특히 맛있다고 하니 더더욱. 물론 경치가 좋은 곳에 있는 매장도 있겠지만 우리가 들른 곳은 선착장 2층에 있는 자그마한 매장이었다. 경치는커녕 테이블 하나 없어 테이크아웃만 가능한 곳이었는데 커피 한 잔 사겠다고 줄을 서 있자니 매장 밖에서 한참을 기다리는 가족들에게 미안했다. 그래도 기어이 카페라떼를 주문하고 % 로고가 딱 박혀 있는 컵을 받아 들었다.

내 혀의 세포들은 '대충, 어지간하면, 그럭저럭, 딱히' 이런 단어들로만 단련되어왔던 터라 미세한 맛의 차이는 느끼지 못한다. 커피는 '쓰다', '진하다', '탄내가 난다' 정도만 구분할 수 있어서 응 커피의 맛을 감히 평가하지는 못하겠다. 사실 그런 곳에서 마시는 커피는 '맛'이 아니라 '멋' 아니던가? 들고 다니는 기분, 해보았다는 경험이면 충분하다. 쓰거나 진하거나 탄내가 나지 않은 것만은 분명하다. 인생 커피를 만났다며 감동의 태그를 달아 남들처럼 자랑하고 싶었지만 둔한 혀의 소유자라 거기까지는 하지 못했다.

홍콩을 검색하다 보면 특정 신발 브랜드가 자주 등장한다. 어찌나 편한지 5초마다 하나씩 팔린다고, 한국에서는 구매가 어렵다고 하니 관심이 갔다. 평발도 아닌데 조금만 걸으면 발바닥이 아픈 나와 유난히 티눈이 잘 생기는 큰아이는 예쁜 신발보다 편한 신발이 필요하다. 일부러 매장을 찾아갈 생각은 없었는데 마침 지나는 길에 익숙한 상표가 눈에 딱 띄었다.

"신어봐. 편하면 엄마가 큰맘 먹고 하나 사 줄게."

반신반의하는 표정으로 나를 바라보는 아이들. 큰아이는

이것저것 신어보더니 작은 소리로 "이게 편하긴 한데, 너무 비싸, 엄마. 안 사도 될 거 같아"라고 말했다. 어차피 바꿔야 할 운동화 상태였기 때문에 맘에 들면 그냥 사자고 했다. 전업주부이던 엄마가 책을 내고 인세를 받았으니 한 번쯤은 한턱내고 싶기도 했다. 작은아이는 눈으로만 쭉 둘러보더니 신어보지도 않고 안 사겠다고 했다.

"나는 그냥 집에 가서 살래. 맘에 드는 것도 없는데 굳이 여기서 돈 쓰고 싶지 않아."

"엄마가 사줄 수 있다니까. 후회하지 않을 거지?"

엄마의 '어쩌다 허세'를 받아주지 않는 작은아이가 조금 섭섭했지만 어쩌면 저렇게 나를 닮았을까 신기하기도 했다. 아주 어릴 때는 언니가 뭘 고르면 필요하지 않아도 뭐든 집어 들던 아이였는데 어느 순간부터는 언니가 뭘 사도 자기가 필요하지 않으면 절대 사질 않는다. 결국 큰아이와 나만 신발을 한 켤레씩 집어 들었고 부디 그 신발들이 제값을 해주기를 바랐다.

신발은 소문대로 가볍고 편했다. 그런데 몇 달 지나자 큰아이 운동화의 징은 떨어져 나갔고, 내 오른쪽 신발은 걸을 때마다 끼긱끼긱 소리가 났다. 도서관에서 너무 민망하여 아주 천천히 걸었더니 '끼기기기기익~' 하고 더 큰 소리가 나 더 이상 신을 수가 없었다.

계산하는 중에도 점원은 한 켤레 더 사라고, 많이 깎아준다며 어찌나 강요를 하던지 아이의 굳은 의지가 아니었으면 혹하고 넘어갈 뻔했다. 계산을 마치고 나오는 순간까지 가격을 내리더니 거의 헐값에 하나 더 가져가라고 하는 걸 듣고 깨달았다. 가격을 확 깎아도 그들에겐 남는 장사라는 걸. 물건 사는데 재능도 없고, 흥정도 못 하는 나 같은 사람은 해외에서 호구되기 십상이다.

그리고 또 하나, 기가 막히게 맛있다는 '제니쿠키'에 관한 것이다. 첫날은 너무 늦게 갔는지 가게 문이 닫혀 있었다. 아쉬웠지만 거기까지 간 김에 〈중경삼림〉에서 임청하가 금발의 가발과 선글라스를 쓰고 쫓고 쫓겼던 청킹맨션을 들러보았다. 영화에서도 근사한 장소로 묘사된 건 아니지만 허름하고 무서운 분위기에다 복도에서 딸들에게 "I love you"라며 끈적한 시선을 보내는 아랍계 점원에게 소름이 돋았다. 빨리 건물을 나가고 싶었으나 미로처럼 되어있어 한참 헤매다 겨우 빠져나올 수 있었다. 총성이 난무하고 사람이 죽는데도 아무렇지 않게 돌아다니던 영화 속 모습이 이상한 게 아니었구나 싶었다.

다시 제니쿠키 상점을 찾아갔을 때는 엄청난 줄로 그 인기를 실감할 수 있었다. 근처 가게들에도 유사 제니쿠키들이 수없이 진열되어 있을 정도다. 아이들은 잔뜩 기대하는 표정으로 몇 통을 살 거냐고 물었다. 먹어본 적은 없으나 이 정도 인기라면 후회할 일은 없을 거라며 세 통을 샀다.

동그란 틴 캔의 곰돌이 그림이 어찌나 예쁘던지 뚜껑을 열기 전부터 군침이 돌았다. 첫맛은 달고 고소하고 부드러웠다. 입안에서 살살 녹는 느낌. 그러나 강한 버터향에 이내 느끼함이 밀려왔고 한두 개까지는 맛있어도 많이 먹기는 힘들었다.

"이거, 우리나라에서 파는 버터링 쿠키랑 똑같지 않아? 더 진하긴 하지만 비싸기만 하고. 괜히 세 통이나 샀나 봐."

아이들도 생각보다 별로라며 더 이상 손을 대지 않았다. 그렇게 제니쿠키는 우리에겐 그냥 짐이 되었다. 남들이 좋아한다고, 유명하다고 무조건 우리에게 좋은 것은 아니었다. 다행히 엄마표 영어 수업 시간에 엄마들 앞에 꺼내 놓으니 너도나도 너무 맛있다며 순식간에 사라졌다. 유명한 이유가 있긴 있구나. 비록 우리 가족에게는 예쁘고 튼튼한 틴 캔이 쿠키보다 더 유용하다는 것으로 결론이 났지만 말이다.

불길한 예감은 언제나

어느 여행이든 첫날은 힘들었다. 욕심에 첫날부터 무리한 계획을 짜기도 했고, 현지 상황을 짐작하지 못했던 것도 있고, 가는 동안 이미 바닥난 체력과 시차 탓도 있었을 것이다. 늘 그랬듯 이번 여행도 첫날엔 걷기만 하다가 지치는 건 아닐까 불길한 예감이 들었다. 그래도 홍콩은 비행시간도 짧고 시차도 겨우 1시간이니 괜찮을 거라 기대했다.

호텔에 도착했을 땐 아직 체크인 시간 전이어서 짐만 맡기고 나와야 했다. 스타의 거리에 가려는데 공사 중인 곳이 많아 돌아서 가야 했고, 그곳에 도착해서야 재정비 기간이라 아무것도 볼 수 없다는 걸 알았다. 허무했다. 다음 목적지인 1881 헤리티지1881 Heritage까지 또 한참을 걸었다. 그럼 그렇지. 우리의 첫날이 절대 편하고 순탄할 리가 없지. 징크스는 이번에도 깨지지 않았다.

수없이 왔다 갔다 했더니 골목길이 금세 익숙해졌고, 익숙해지니 걸음이 느려졌다. 우리 호텔이 있는 골목은 좁고 복잡하고 가게들은 무척 소박했다. 줄 서 있는 사람이 많으면 나름대로 맛집이라고 보면 된다. '허유산'이라는 망고 주스 가게도 여행 블로그에서 자주 보았던 이름인데, 걷다가 우연히 발견했다. 거기서 망고젤리를 사 들고 숙소를 향해 가고 있는데 어디선가 사이렌 소리가 들려왔다. 소리가 점점 커지더니 우리 옆으로 커다란 소방차가 지나가고 또 지나갔다. 2차선 도로에 소방차 몇 대가 들어서자 다른 차들은 오도 가도 못하고 길이 꽉 막혀버렸다. 골목골목에서 나오려는 차들까지 모두 일시 정지하면서 일대가 마비되었다. 러시아워 게임 같았다.

"아니, 도대체 어디서 불이 난 거야? 여기는 불 나면 진짜 위험하겠다."

건물들이 옆, 뒤로 다닥다닥 붙어 있고 앞 건물과의 거리도 가까워 불이 나면 정말 큰일 날 골목이었다.

"설마 저 소방차들 다 우리 호텔로 가는 거 아니야?"

아이들이 웃으며 이야기했다. "에이~ 설마"라고 했지만 호텔이 가까워질수록 사이렌 소리가 커졌고 불안한 기운이 스멀스멀 올라왔다.

"호텔에 불 나면 우리는 어떻게 해야 돼? 못 들어가는 거지? 짐이 다 타버리면 어쩌지? 여권은 가지고 나왔나?" 수많은 경우의 수가 떠올랐다.

소방차들은 정말로 우리가 묵는 호텔 바로 앞에 줄지어 서 있었고 맞은 편에는 구경하는 사람들도 있었다. 뭘 어떻게 해야 할지 몰라 일단 지켜보다가 연기도 보이지 않고, 큰 동요도 없길래 살며시 안으로 들어가 보았다. 호텔 직원과 이야기를 마친 소방관이 소방차에 올라탔고, 사이렌이 멈추자 차들은 움직이기 시작했다. 호텔 창문 바로 뒤에서 누군가 담배를 피웠는데 아마도 호텔 안 센서가 그 연기를 감지해서 화재 경보가 울렸던 것 같다고 했다. 얼마나 예민한 센서길래 건물 바깥 연기까지 잡아내는지, 믿어지진 않았지만 그렇다고 하니 그런가 보다 할 수밖에.

"진짜 불이 났을까 봐 놀랐어."

"설마설마 했는데 정말 우리가 묵는 호텔일 줄이야. 그래도 여행 에피소드 하나 생겼네?"

해프닝으로 끝나 정말 다행이었다. 여권을 잃어버린다든가, 불이 나서 짐이 몽땅 탄다든가, 비행기 티켓이 없어진다든가 하는 사건이 절대 생기지 말라는 법은 없다.

"돈은 항상 나눠 들고, 여권은 몸에 소지하고, 혹시 모르니 여권 재발급을 위한 사진과 여권 사본은 호텔에 두고…"

기억을 하든지 말든지 아이들에게 또 이런 잔소리를 하고 있었다.

너희가 있어 든든해

"세상에서 제일 긴 에스컬레이터래."

영화 〈중경삼림〉을 본 사람이라면 미드레벨 에스컬레이터Mid-levels Escalator에서 분명 배우 양조위를 떠올렸을 것이다. 어느 지점에서 양조위의 방이 보이는 걸까 궁금했지만 가서 보니 에스컬레이터가 20개나 이어지는 구조였고, 그 많은 에스컬레이터 중 어느 지점에서 영화를 찍었는지 추측하는 건 불가능했다. 그러나 영화에서처럼 사생활이 들여다보일 정도로 창문이 가까워 보이긴 했다. 모든 창문이 양조위 방으로 보였다.

한 번에 쭉 올라가는 것이 아니라 중간중간 옆으로 빠져나갈 수 있게 되어 있어 지역 주민들에게는 기특한 에스컬레이터였다. 만약 이런 언덕을 매일 걸어서 올라가야 한다면 출퇴근만으로도 녹초가 되겠지. 우리나라의 높은 지대에도 이런 에스컬레이터가 설치되면 좋지 않을까 싶었다.

일단 에스컬레이터 끝까지 올라갔다가 내려오면서 밀크티로 유명하다는 '란퐁유엔Lan Fong Yuen'을 찾아보기로 했다. 걷다 보니 예쁜 벽화가 보였고 사람들이 사진을 찍고 있길래 우리도 일단 찍자며 포즈를 잡았다. 그곳이 할리우드 로드였다는 것은 나중에 알았다.

아무리 구글맵을 보아도 란퐁유엔이 대체 어디 있는지 찾을 수가 없었다. 분명 지도상으로는 그 근처인데 이미 지나친 것으로 나와서 우리는 계속해서 제자리를 돌고 있었다. 한자 간판들이라 눈에 쉽게 들어오지 않았고, 유명한 가게라면 화려하거나 특징이 있을 거란 선입견 때문이었나 보다.

"저기 있네."

결국 큰아이가 간판에서 한자 밑에 적힌 영어를 보고 찾아냈다. 바로 눈앞에 두고도 대체 몇 번을 그냥 지나친 건지. 비탈길에 자리한 가게 앞은 혼잡했고 중국어로만 말을 해서 적잖이 당황스러웠다. 토스트로도 유명한 곳인 건 알고 있었지만 배가 고프지 않아 밀크티만 주문하겠다고 했다. 그랬더니 가게 안에서 먹을 수 없다며 귀찮은 듯 손짓을 했다. 바빠서 그랬겠지만 어쩐지 푸대접을 받는 기분이 들었다. 밀크티를 딱 하나만 주문하는 것으로 가게 주인은 신경도 쓰지 않을 소심한 복수를 하고선 가족 모두 조금씩 맛을 보았다. 나쁘진 않지만 하나만 사길 잘했다며, 우리나라에서 사 먹는 밀크티가 더 맛있다고 우리만의 결론

을 내렸다.

란퐁유엔 바로 근처에 에그타르트 맛집도 있다고 했다. 우리는 또 같은 자리를 뱅글뱅글 돌며 찾지 못했다.

"아까 거기잖아. 다시 돌아왔는데? 아악! 미로에 갇힌 기분이야."

오밀조밀 작은 가게들이 붙어 있고, 건물의 경계도 애매해 찾기가 더욱 어려웠다.

"저거 아니야?"

이번에도 큰아이가 찾아냈다.

"오호호홍~ 왜 내 눈에는 그게 안 보였을까?"

웃음으로 민망함을 얼버무렸지만 이제는 체면을 내려놓고 아이들의 도움을 받아야 하는 나이가 된 것 같아 당황스러웠다. 더 이상 엄마만 믿으라고 할 수 없다는 걸 이 여행에서 자주 경험했고, 한편으로는 내가 의지할 만큼 아이들이 컸다는 사실에 든든하기도 했다. 이제는 사진을 찍을 때도 어떤 위치에서 어떤 포즈, 어떤 구도로 찍어야 예쁘게 나오는지 딸들의 도움을 받는 편이 훨씬 나았고, 물건, 특히 옷을 살 때는 아이들의 의견을 따르는 것이 월등히 좋았다.

"다음 여행에서는 너희가 계획도 짜고 예약도 하고, 그러면 되겠다. 엄마, 아빠는 따라만 다니고."

상상만으로도 좋았다. 일정을 짜고, 걱정하고, 책임지는 것에서 벗어나 가고 싶은 곳, 먹고 싶은 것을 말만 하면 되는 여행. 웃고 즐기며 사진 찍다가 피곤하면 "쉴 곳 좀 찾아봐라" 말만 하면 되는 여행. 비행기 안에서 곯아떨어진 우리에게 아이들이 담요를 덮어주겠지. 뒤처지는 우리를 아이들이 기다려주겠지. 이제는 그런 수동적이고 게을러 빠진 여행을 가만히 꿈꿔본다.

가장 작은 디즈니랜드와 AIA 카니발

파리에서 디즈니랜드의 꿀맛을 보았던 우리는 이번에도 크나큰 기대를 했다. 후회 없이 모든 놀이기구를 다 타보겠다며 두 주먹 불끈 다짐도 했다. 이번에는 도시락 따위는 싸지 않았다.

디즈니랜드에 가려면 서니베이Sunny Bay 역에서 환승을 한 번 해야 하는데 이때 타는 것이 디즈니랜드 리조트 라인이다. 미키 마우스 모양의 창문과 손잡이가 있는 귀여운 지하철이라니! 아이 같은 표정으로 사진을 찍으며 벌써 디즈니랜드에 들어선 것처럼 설렜다.

그런데 어찌된 일인지 개장 시간이 지났는데도 놀이기구들은 움직이지 않았다. 우리는 영문도 모른 채 한참을 기다리다가 겨우 첫 놀이기구를 탈 수 있었는데, 황당함은 거기서 끝이 아니었다. 수리 중인 것이 너무나 많았다. 운행하지 않는 게 어떤 것들인지 알 수가 없으니 번번이 놀이기구 앞까지 가서야 헛걸음했음을 알았다. 홍콩은 거리도, 건물도 1년 내내 공사 중이라는 말을 들었는데 디즈니랜드마저 그럴 줄은 정말 몰랐다.

게다가 파리에서 탔던 것 같은 심장 쫄깃한 대형 놀이기구가 별로 없어서 아이들의 실망이 이만저만이 아니었다. '디즈니랜드'라는 이름 하나만 보고 제대로 알아보지 않은 내 잘못이었다.

그나마 〈라이온 킹〉 공연은 화려한 의상과 움직이는 무대로 나름대로 볼 만했지만 이미 원작 뮤지컬을, 그것도 브로드웨이에서 보았기 때문에 소름 끼치는 감동까지 기대할 수는 없었다.

아이들이 어렸더라면 오히려 좋았을 장소다. 아주 넓지도 않고, 어린아이들이 탈 만한 놀이기구도 많고, 무엇보다 캐릭터 인형들이 여기저기 돌아다니며 함께 사진을 찍어주니 좋아하는 꼬마들이 많았다. 인형 옆에 가서 사진을 찍지는 않지만 미키 마우스 모양 아이스크림을 쪽쪽 빨아먹는 청소년들. 헬륨 풍선을 사달라고 하지는 않지만 다른 굿즈는 사고 싶은 어중간한 내 아이들에게 홍콩 디즈니랜드는 참으로 어중간한 놀이동산이었다. 폐장 시간까지 버티며 뽕을 뽑을 거라던 처음 다짐과는 달리 아직 훤한 시간임에도 이제 그만 돌아가자는 말이 나오기 시작했다. 홍콩에서의 놀이동산은 이렇게 실패로 끝나는 것 같았다.

그때 지나다닐 때마다 우리의 호기심을 자극했던 선착장 근처의 우뚝 솟은 대관람차가 생각났다. 설마 대관람차만 있을까? 택시를 타고 손가락으로 가리키며 "저기로 가주세요"라고 했다. 그리고 우리의 예상은 들어맞았다. 그 시즌에만 있는 것인지 모르겠지만 때마침 AIA 카니발 중이었고, 다양한 놀이기구와 여러 게임, 먹거리가 가득가득 들어차 있었다. 이동형 놀이기구라서 시시할 거라고 생각하면 오산이다. 바이킹, 롤러코스터 저리 가라 할 정도로 비명이 절로 나오는 놀이기구가 몇 걸음마다 끊임없이 나타났다.

"어이구, 엄마는 보기만 해도 멀미가 난다."

타는 걸 거부하고 가방지기로 서서 사진과 영상을 찍고 있으니 다리가 아팠다. 제대로 된 놀이동산이 아니었기에 벤치나 쉴 곳을 기대할 순 없었지만 그래도 디즈니랜드에서의 실망을 만회할 수 있는 카니발이 있어서 얼마나 다행이었는지…. 오로지 놀이기구 타는 것만이 목적이라면 비싼 디즈니랜드보다 AIA 카니발이 훨씬 효율적이다. 그리고 우리 아이들은 오로지 놀이기구만이 목적인 피 끓는 나이였다. 호기심이 일면 계획에 없어도 가보는 게 좋다. 가끔은 이렇게 "찾았다!"를 외치는 재미가 있다. 그것이 여행의 진짜 보물찾기다.

할 건 없어도 가야 할 곳

홍콩섬과 구룡반도를 돌아다니며 고층 빌딩에 멀미가 날 때쯤 빅버스Bigbus 그린라인에 올라탔다. 홍콩은 일반 버스도 2층 버스지만 빅버스는 2층에 천장이 없어 바람을 맞으며 달릴 수 있다. 앞좌석이 경치 보기에 가장 좋다고 귀띔을 해주었더니 아이들이 얼른 자리를 잡았다. 1초의 망설임도 없이 아이들에게 가장 좋은 자리를 내어주고 뒷자리에 앉으면서도

전혀 섭섭하지 않았다.

언제쯤 가장 좋은 게 엄마, 아빠 차지가 될까? 애들이 고등학생이나 대학생이 되면? 그러나 여전히 나에게 생선의 몸통을, 치킨의 다리를 내어주는 나의 엄마를 보면 영원히 그런 날은 오지 않을 것 같다. 부모가 되면 자연스럽게 가장 이타적인, 성스러운 사람이 된다.

빅버스를 탈 때 준비해야 하는 필수품은 머리끈이다. 작은 아이의 긴 머리카락이 사방으로 휘날리며 가닥가닥 독립적으로 펄럭였다. 그 머리카락을 뒤에서 보고 있으니 어찌나 웃기던지. 해파리 같기도, 메두사 같기도 했다. 물론 내 상황도 만만치 않았다. 습한 바람을 한참이나 강하게 얻어맞은 뒤 버스에서 내리니 무스를 바른 듯, 스프레이를 뿌린 듯 뻑뻑하고 끈적여서 내 머리카락이지만 나조차 만지기가 껄끄러웠다.

리펄스 베이Repulse Bay는 모래를 퍼다 만든 인공 모래사장이다. 해수욕장치고는 작은 편이지만 인공으로 만든 것이라면 달리 보인다. 사람들은 어쩌면 바다 쪽보다 언덕 위 빌라 사진을 더 많이 찍을지도 모른다. 제각각 외관도 특이하고 멋있는데다 홍콩의 부유한 연예인들이 많이 사는 것으로도 유명하다고 했다. 빅버스의 오디오 가이드를 들으니 집값이 상상을 초월하는 고가였는데 단위가 잘못된 줄 알고 인터넷으로 다시 찾아보기까지 했을 정도다.

해변에는 중국인으로 보이는 한 무리의 아주머니들이 커다란 빨간 천을 이리저리 흔들며 단체 사진을 찍고 있었다. 우리도 뭔가 독특한 사진을 찍어보자며 일단 점프 샷에 도전했는데 스무 번 넘게 점프를 해도 제대로 된 사진이 나오지 않았다. 누군가는 땅에 붙어있고 누군가는 올라가거나 내려가는 중이고 누군가는 자세가 이상했다. 모래밭에서 동시에 딱 맞추어 뛴다는 건 정말 어려운 일이다. 다리가 후들거려 남편에게 카

메라를 넘겨받았다. 이번엔 남편이 주먹으로 땅을 내리치는 시늉을 하면 양쪽의 딸들이 날아가는 장면을 찍기로 했다. 국내에서는 남의 시선을 의식해 절대 이런 짓을 하지 않는 가족이 (특히 남편이) 이러고 있다니 은근한 쾌감도 느껴졌다. 그런데 어라? 단 몇 번 만에 성공했다. 중요한 건 배우가 아니라 찍사의 실력이었다.

점프 샷 성공 후에도 큰아이는 쪼그리고 앉아 무언가를 계속 시도하고 있었다. 작은 손거울을 모래에 꽂고 그 안에 비친 바다를 찍고 싶은 모양이었다. 그런데 손거울에 초점을 맞추면 바다가 흐릿하고, 바다에 초점을 맞추면 손거울이 엉망이 되었다. 아무래도 좋은 카메라가 있어야 가능한 것이었는지 결국 아이가 만족할 만한 사진은 하나도 건지지 못했다. 건진 사진은 없지만 내 머릿속에서 지워지지 않는 장면이다. 새빨간 후드티를 입고 모래밭에 쪼그리고 앉아 작은 것에 열중하고 있는 단발머리 소녀의 모습. 내 소녀가 거기에 그렇게 저장되었다.

리펄스 베이에서 다시 빅버스를 타고 스탠리Stanley로 향했다. 예쁜 노천카페가 줄지어 있는 워터프런트를 따라 설렁설렁 걷기만 해도 기분이 좋아지는 곳이다. 잠시 유럽에 온 듯 색감도 쨍하고 햇살도 좋아 평화롭고 한가한 시간을 보냈다. 남편의 손을 살며시 잡고 걸었더니 뒤에서 큰딸이 우리의 뒷모습을 사진으로 남긴다. 아이 하나씩 손 붙잡고 다녀야 했던 시기를 지나 이제 겨우 편하게 남편 손을 잡는다. 이제 겨우 앞만 보고 걷는다. 그리고 그 모습을 아이가 사진으로 남긴다.

너무 큰 기대는 금물

빅토리아 피크Victoria Peak는 야경으로 유명하다. 하지만 아무리 스케줄을 이리저리 짜 맞춰도 저녁에 올라갈 수가 없었다. 화려한 야경 대신 밝은 낮에 홍콩을 선명하게 내려다보는 것도 나쁘지 않을 거라 생각하고 피크 트램Peak tram을 탔다. 경사가 심해 체감상으로는 50도가 넘는 기울기 같았다. 올라갈 때는 의자에 앉았는데도 목이 심하게 뒤로 꺾여 목에 힘을 잔뜩 줬고, 내려올 때는 열 개의 발가락에 무게를 실어 서 있느라고 힘들었다. 경사가 급하다 보니 창밖으로 보이는 건물들은 누워

있는 듯 기이하게 보였고, 높아도 높아도 저렇게 높을 수가 있을까 싶게 말도 안 되는 층수를 자랑하고 있었다.

홍콩은 쇼핑의 천국이기에 관광객의 방문이 끊이지 않는 도시다. 그리고 물건을 파는 상인들, 누가 봐도 동네 마실 나온 것처럼 입은 사람들, 아침에 출근을 서두르며 골목 식당에서 식사하는 사람들, 관광객들과는 사뭇 다른 느낌을 주는 그들이 홍콩 시민일 것이다. 빅토리아 피크에서 보이는 건물의 집 하나하나가 수십억 원이라고 한다. 네온사인 반짝이며 명품숍이 북적일 때, 그 앞을 지나가는 소시민의 걸음걸이는 느리고 힘들어 보였다. 집값이 너무나 비싸다 보니 방 하나를 여러 개로 나누어 마치 관 속에서 사는 것처럼 살고 있는 사람도 있다는 기사를 봤다. 어느 도시나 그렇겠지만 화려한 홍콩도 그 이면의 어두운 모습은 관광객의 눈에 잘 보이지 않는다.

빅토리아 피크의 유명 식당은 예약 없이는 들어가기가 힘들어서 복작대는 카페에 겨우 자리를 잡았다. 메뉴판을 보는데 와우, 김치 햄버거라니! 이런 건 생각하고 말고 할 것도 없이 무조건이다! 햄버거와 김치의 조합은 의외로 괜찮았다. 햄버거를 먹다가 느끼할 때 김치 한 조각을 올려서 먹어보면 알게 될 것이다. 묘한 개운함이 느껴진다.

8시 즈음 되니 사람들이 침사추이 시계탑 근처로 모여들기 시작했다. 심포니 오브 라이트A Symphony of Lights를 보기 위한 최적의 장소기 때문이다. 10분간 강 건너 건물들이 서로 대화를 주고받듯 음악에 맞춰 색색의 레이저를 쏘고, 큰 건물 벽에선 그림과 글자들이 나타났다 사라진다.

여행을 다니다 보면 전혀 기대하지 않았던 어떤 것들은 덤을 얻은 듯 만족스럽고, 기대로 부풀었던 어떤 것들은 실망감을 안겨줄 때가 있다. 심포니 오브 라이트가 딱 그랬다. 좀 더 잘 보이는 좋은 자리를 찾겠다고 이리저리 옮겨 다녔는데 그냥 우연히 지나가다가 봤으면 더 좋았을 뻔했다. 아이들 역시 그렇다. 기대하지 않았을 때 더욱 예쁘고 잔뜩 기대하고 있으면 아쉽다. 너무 기대하지 말자. 기대가 가치를 떨어뜨린다. 여행도, 아이도.

우리가 홍콩에 갔을 때가 2018년 1월이었는데 범죄인 송환법 반대 시위로 2019년의 홍콩은 아수라장이 되었다. 연일 뉴스에 나오는 시위, 진압 장면은 우리의 아픈 역사를 떠올리게 했다. 게다가 코로나19 때문에 관광 도시인 홍콩은 지금 최악의 상황에 처해 있다. 쇼핑을 별로 좋아하지 않는 우리 가족에게 홍콩은 적합한 여행지가 아니었지만 '다음에 올 땐 음식점을 더 알아보고 오자', '다음에 올 땐 빅토리아 피크 야경을 보자', '다음에 올 땐…'이라는 말을 하곤 했는데, 언제쯤 다시 활기찬 홍콩에 갈 수 있을지, 그런 날이 오기는 할지 모르겠다.

"더 준비를 하고 갔어야 했어. 잘 둘러볼 걸 그랬어. 우리가 봤던 그런 홍콩은 앞으로 보기 어렵겠지?"

진땀 빼게 한 키오스크

아침은 주로 호텔 근처 골목 식당에서 먹었다. 출근길에 혼밥하는 현지인들이 대부분이었고 우리처럼 가족이 모여 앉은 모습은 거의 없었다. 메뉴판 사진을 보고 이것저것 주문했는데 상하이에서와 마찬가지로 중국 음식은 사진만으로는 향신료 맛을 알기 어렵다는 함정이 있다. 그래서 한두 숟가락에 바로 고개를 저을 때도 있었지만 이제는 아기들이 아니니까 억지로라도 몇 숟갈 더 먹어보려 했다는 것이 상하이 때와 달라진 점이랄까.

이가 나간 그릇이 테이블에 올라오는 건 홍콩에서는 흔한 일이다. 한 번은 하나도 빠짐없이 모든 그릇의 이가 나간 적도 있었다. 우리나라에는 기능에 문제가 없는데도 미관상 좋지 않다며, 또는 불길하다며 조금만 귀퉁이가 떨어져 나가도 바로 버리는 사람들이 많다. 그런데 아무렇지 않게 손님용 테이블에 이 나간 그릇을 올려놓는 홍콩의 식당을 보며 어쩌면 편견에 빠졌던 건 우리였을 지도 모르겠다는 생각을 했다. 그릇이 예쁘면 더 맛있게 느껴지고 대접받는 느낌이 드는 것은 사실이지만 이젠 집에서까지 굳이 바로 내다 버릴 필요는 없겠다는 생각이 들었다. 그래서 우리 집은 요즘 이 나간 그릇이 하나둘 쌓여가고 아무렇지 않게 그 그릇에 담아 먹는다.

패스트푸드 햄버거 가게에 들어갔는데 그 많은 테이블이 만석이었다. 겨우 빈 테이블 하나를 발견해 아이들을 앉혀두고 남편과 주문을 하기 위해 키오스크 앞으로 갔다. 직접 주문을 받는 곳이 있었는지 모르겠지만 눈에 띄지 않았다. 여러 대의 기계 앞에 이미 많은 사람이 있었고 우리는 현지인으로 보이는 할아버지 뒤로 가서 차례를 기다렸다. 한자도 모르는 데다 키오스크도 익숙하지 않아서 앞 사람을 보고 따라 하려는 생각이었다. 그런데 할아버지는 누르고, 넘기고, 취소되어서 초기 화면으로 되돌아가고, 다시 누르기를 무한 반복 하고 있었다. 시간은 흐르고, 뒤에 기다리는 사람들은 늘어만 갔다. 할아버지의 당황이 그대로 느껴졌다. 결국 햄버거 하나를 주문하지 못한 채 할아버지는 자리를 떠났다.

우리라고 다를 바가 없었다. 우리 역시 초기 화면으로 돌아가기를 여러 번. 그러다 겨우 결제 단계까지 갔는데 신용카드 꽂는 곳을 찾지 못해서 시간 초과로 다시 취소. 정말 누구라도 붙잡고 물어보고 싶은 심정이었다. 둘이서 한참을 헤맨 끝에 카드를 단말기 아래에서 위로 밀어 넣는 것이라는 걸 알게 되었다. 보이지도 않는 삽입구를 어떻게 찾는단 말인가.

아이들이 왜 이렇게 늦게 왔느냐고, 걱정했다고 말했다. 주문하는 과정에 있었던 일을 이야기하니 "할머니, 할아버지들은 정말 너무 어려우실 거 같아. 그래서 그 할아버지는 햄버거를 못 사셨어? 아, 너무 슬픈 일인데… 우리 할머니 할아버지도 그러실 거 아냐" 하며 울상을 짓는다.

기계 앞에서 당황했던 적이 한두 번이 아니지만 다른 나라 언어로 되어있는 기계는 나를 더욱 움츠러들게 했다. 어르신들에게 이런 기계는 외국어와 다름없는 장애물이 아닐까 싶었다. 앱을 이용해 고속버스나 KTX 예약하는 방법을 알려드려도 번번이 "네가 예약해서 엄마한테 보내 줘. 내가 돈 보내줄게"라고 하는 친정엄마의 심정이 이해되었다. 최근에는 배달앱으로 주문하는 법을 가르쳐드리려고 했으나 서너 단계쯤 넘어가자 안 되겠다는 걸 알 수 있었다. 약자를 배제한 채 빠르게만 발전하는 것은 바람직하지 않다. 할머니, 할아버지가 있어서 비슷한 일이 있을 때마다 아이들이 한 번 더 생각할 수 있음이 새삼 감사했다.

해피 투게더

여행에서 사진을 찍는 사람은 주로 나다. 그렇다 보니 아이들 사진이 가장 많고 남편 모습도 종종 있지만 내 모습이 찍힌 사진을 찾는 건 참 어렵다. 아이들도 각자의 핸드폰으로 사진을 찍긴 하지만 예쁜 것, 신기한 것, 좋은 것을 찍지 엄마를 찍지는 않으니까. 그래서 한두 장 정도는 셀카를 찍어 남기거나 내 핸드폰을 쥐여주며 찍어달라고 부탁을 한다.

어쨌든 사진을 찍어도 저장을 해야 남는 것인데 홍콩 여행에서 돌아와 컴퓨터에 사진을 백업하기도 전에 실수로 핸드폰

사진 전체를 삭제하는 대형 사고를 치고 말았다. 아차! 하는 순간에 깊은 우물로 빠져드는 아득함을 느꼈다. 아니 왜 몇 초 전의 실수를 되돌릴 방법이 없는 것인지. 사람이 실수도 할 수 있는 건데 말이다. 그러나 기계는 그런 사람의 허점을 절대 공감하며 봐주지 않는다. 허겁지겁 검색해서 사진을 복구하긴 했는데 화질은 엉망이고 순서도 뒤죽박죽, 몇 장씩 뜨는 것도 있고 난리도 아니었다. 무엇보다 충격적인 건 동영상은 복구가 되지 않았다는 것이다. 그 속상함은 이루 말할 수 없다. 그래도 어쩌랴. 이미 엎질러진 물인 것을….

동영상이 다 없어져서 어쩌냐며 나보다 더 속상해하던 큰딸이 어느 날 영상 하나를 틀어주었다. 나만큼은 아니지만 여행에서 짧게 짧게 영상을 찍었었나 보다. 내 또래라면 '장국영'이나 '양조위'를 모르는 사람이 없겠지만 딸들은 나를 통해 그들을 알았다. 그들이 나온 영화 〈해피 투게더〉 OST에 자신이 찍은 영상을 1.5배속 정도 빨리 돌려 만든 뮤직비디오였다. 내가 찍은 영상까지 있었다면 더 많은 장면이 들어가서 좋았겠지만, 어쨌든 우리의 여행을 한 편의 뮤직비디오로 압축해서 남기니 꽤나 근사했다. 큰딸은 나중에 시간이 되면 그동안 다녔던 여행들을 하나씩 뮤비로 만들어보겠다고 했다. 그게 언제가 될지 알 수 없다는 게 문제지만.

이후로 아이는 오래된 홍콩 영화까지 찾아서 보고 있다. 내가 보지 못한, 있는 줄도 몰랐던 영화까지 다 보았다고 한다. 금성무, 주윤발, 왕조현, 유덕화, 장만옥, 여명 등 배우들을 줄줄 꿰는 딸이 신기하고 대화가 통해 재미있기도 하다. 물론 홍콩 여행 이후의 일이니 딸은 그 억울함을 두고두고 이야기한다. 영화들부터 봤으면 홍콩 여행이 정말 재미있었을 거라며, 지금이라면 가고 싶은 곳, 먹고 싶은 걸 다 말할 수 있다면서.

아이들이 참 많이 컸다. 매일 똑같은 일상 속에서 아이들의 변화와 성장을 눈치채기는 어렵다. 그날이 그날인 집안에서 아이들을 객관적으로 보기도 어렵다. 몰랐던 것을 알고 있음을, 할 수 없었던 것을 할 수 있음을, 대화의 주제와 방법과 수준이 달라지는 것을 여행을 통해 많이 느낀다. 꼭 해외여행이 아니어도 된다. 집 밖을 벗어나고 일상에서 벗어나면 가능하다. 다만 우리가 더 낯선 곳으로 갈수록 가족의 의미가 더 크게 와 닿는 것 같다. 아무도 우리를 챙기지 않는 곳에서, 아무도 우리를 모르는 곳에서 우리는 서로가 서로에게 소중하고 귀하기 때문이다. 서로가 아니면 의논할 사람이 없으니 남편과도 좋은 파트너가 되어야 하고, 아이들도 부모가 아니면 자신들의 부족함을 이해하고 채워줄 사람이 없다는 걸 알게 된다. 그래서 우리는 우리의 여행 하나하나를 이렇게 회상한다. 함께했기에 진짜 행복한 '해피 투게더'였다고.

준비하는 자의 여행

여행을 떠나기 전에는 해야 할 일이 많다. 우리 집은 상대적으로 남편보다 내가 시간적 여유가 많다 보니 여행 준비는 자연스럽게 내 차지가 되었다. 여행지를 정하고, 여행용 적금으로 비용을 해결하는 것이 가족 전체의 큰 틀이라면 세부 일정 짜기, 예약, 확인 등은 나 혼자만의 씨름이 되는 셈이다. 배낭여행 한 번 안 가본 나에게 여행 준비란 탐험에 준하는 고난도 도전이었다.

여행지가 정해지면 숙박비와 교통비부터 확실히 해 두어야 한다. 해외여행 같은 경우는 어떤 비행기를 타느냐에 따라 비용

차이가 크다. 항공사, 직항 여부, 출발 시간대에 따라서도 많은 차이가 있으니 꼼꼼하게 살펴볼 필요가 있다. 호텔 역시 가격이나 컨디션이 천차만별이라 무턱대고 검색하다가는 눈만 높아져 내내 심기가 불편할 수 있다. 그러니 선택 가능한 금액을 먼저 설정하고 그 안에서 마음에 드는 곳을 골라야 한다. 위치가 좋은 곳과 시설이 좋은 곳 사이에서 수없이 갈등을 하게 되는데 아이들의 나이와 여행지의 특성 등을 고려해 정하는 게 좋다. 물론 넉넉한 자금이라면 고민할 필요도 없겠지만.

교통과 숙박이 해결되면 그다음부터는 조금 편해진다. 여행 책자와 블로그, 인터넷 카페 등에서 정보를 얻고 우리 가족의 취향에 적합한 곳들을 메모한다. 그리고 구글 지도를 보면서 위치와 동선을 가늠해 보는 것이다. 대략 오전 오후로 나누어 일정을 조율하고, 여유가 있을 경우 추가로 둘러볼 곳과 시간에 쫓길 경우 포기해야 하는 곳을 괄호로 묶어 둔다. 언젠가부터 아이들도 일정이 어떻게 짜였는지 묻고, 가고 싶은 곳이 있으니 일정에 넣어 달라고 하기도 했다.

준비하다 보면 나는 여행을 떠나기도 전에 이미 그곳에 다녀온 사람처럼 되어 버린다. 미리 흥분하고 설레고 행복해하다 먼저 피곤해진다. 그래도 여행은 준비하는 자의 것이다. 찾아보고 계획하는 시간이 여행의 모든 기간 중 가장 의미 있고 행복한 순간이기 때문이다. 가이드가 아무리 친절하게 안내를 해주어도 내가 노력한 것보다 더 내 것이 되기는 어렵다.

한 번의 여행이 끝날 때마다 우리 가족은 성큼성큼 자란다. 그리고 다음 여행지는 어디가 좋을까, 또 다른 기대감을 안고 지도를 펼쳐본다. 함께여서 좋았고 함께여서 더 좋을, 가족 여행은 그런 것이다.

학원 대신 시애틀,
과외 대신 프라하

초판 1쇄 발행 2022년 5월 13일
초판 2쇄 발행 2022년 6월 3일

지은이 이지영

대표 장선희 **총괄** 이영철
책임편집 한이슬 **기획편집** 이소정, 정시아, 현미나
책임디자인 김효숙 **디자인** 최아영
마케팅 최의범, 강주영, 김현진, 이동희
경영관리 문경국

펴낸곳 서사원 **출판등록** 제2021-000194호
주소 서울시 영등포구 당산로 54길 11 상가 301호
전화 02-898-8778 **팩스** 02-6008-1673
이메일 cr@seosawon.com
블로그 blog.naver.com/seosawon
페이스북 www.facebook.com/seosawon
인스타그램 www.instagram.com/seosawon

ISBN 979-11-6822-067-6 13590